发现更多 · 9+

灾难

【美】大卫·伯尼/著

王懿/译

天津出版传媒集团

新蕾出版社

图书在版编目 (CIP) 数据

灾难 / (美) 大卫·伯尼 (David Burnie) 著；王
懿译 . -- 天津 : 新蕾出版社 , 2017.3 (2017.10 重印)
（发现更多·9+）
书名原文 : Disasters
ISBN 978-7-5307-6491-6

Ⅰ.①灾… Ⅱ.①大… ②王… Ⅲ.①灾害—儿童读
物 Ⅳ.① X4-49

中国版本图书馆 CIP 数据核字 (2016) 第 291797 号

出版发行：天津出版传媒集团
　　　　　新蕾出版社
e-mail:newbuds@public.tpt.tj.cn
http://www.newbuds.cn
地　　址：天津市和平区西康路 35 号（300051）
出 版 人：马梅
电　　话：总编办 (022)23332422
　　　　　发行部 (022)23332679 23332677
传　　真：(022)23332422
经　　销：全国新华书店
印　　刷：北京尚唐印刷包装有限公司
开　　本：889mm×1194mm 1/12
印　　张：9.5
版　　次：2017 年 3 月第 1 版　2017 年 10 月第 4 次印刷
定　　价：68.00 元

2012年2月，被地震损毁的菲律宾公路

如何阅读互动电子书

在开始之前，请你先来了解一下如何阅读互动电子书，这可以帮助你获得更多的阅读乐趣。本书的配套电子书《灾难中的英雄》介绍了研究和试图阻止灾难的英雄们每天的工作和生活。

下载互动电子书，阅读关于灾难的更多内容。记得要用Adobe Reader软件打开阅读哟!

灾难中的英雄

《灾难》互动电子书

天津出版

飓风猎人

每年的6月到11月间，美国空军预备役第53远程气象侦察中队（WRS）的队员们会冒着生命危险直接飞进飓风的中心。作为飓风猎人，他们尽可能多地收集关于热带风暴的数据，因为热带风暴可能给沿海地区带来严重的灾难。飓风猎人在洛克希德·马丁C-130J飞机上收集的信息可以帮助气象学家更准确地预报天气，这样人们就能及时从飓风将要经过的地区撤离，以减少人员伤亡。

观看猛烈的

雪莉·穆里洛

1亿：
美国有可能被飓风袭击的人数

风暴警报
如果气象卫星探测到热带风暴，位于佛罗里达州迈阿密市的美国国家飓风中心（NHC）就会联系第53远程气象侦察中队，让这些飓风猎人就会开始直接追踪这个热带风暴。

空中的机器人
美国国家航空航天局使用无人驾驶飞机来研究飓风的形成和强度。无人驾驶飞机能够在空中停留的时间是C-130J飞机的2倍。

会飞的实验室
C-130J飞机是一种为气象研究而改装的军用运输机。每一架C-130J飞机都装有科学仪器，并配备4部强劲的螺旋桨发动机，以确保它在追踪飓风时可以连续飞行14个小时。

发现更多——第53远程气象侦察中队

超链接

互动电子书中的每一页都有超链接。点击那些彩色按钮，你就会看到更多信息、图片、视频片段，以及如何使用互动电子书的提示。

灾难英雄

在《风暴追逐者》中，你将会见到不顾生命安危、冲进飓风、龙卷风或者正在喷涌熔岩的火山中的科学家们。你还会见到即使在最恶劣的环境中，仍然没有放弃营救的救援者们。

"飞入飓风中，你会觉得像是坐了10个小时的过山车!"

——雪莉·穆里洛，气象学家

第53远程气象侦察中队 [高空飞行员]

气象卫星能够观测到热带风暴的形成并且追踪它们的运动，但是气象卫星无法测量飓风内部的状况，这就要靠第53远程气象侦察中队了。第53远程气象侦察中队的队员们采集到的信息对于预测飓风的强度和变化趋势十分重要。

队员们在追踪飓风的过程中，最危险的就是飞过包围着飓风眼的区域。这个区域被称为眼壁，是飓风中最危险的部分，也是当飓风登陆时造成最多破坏的区域。在这个区域里，第53远程气象侦察中队的飞机有可能被强劲的雨和冰雹击中，被速度超过240千米/时的大风冲击，并且由于气流的上升和下降而剧烈摇晃。第53远程气象侦察中队的C-130J飞机在飓风中通常采取X形的飞行路径，也就是先横穿飓风一次，然后换一个角度再横穿一次。气象专家通过分析来自飞机本身传感器、飓风中的下投式探空仪和风暴前的海里浮标的数据，以推测飓风的情况。如果飓风有可能登陆的话，美国国家飓风中心就会发布警报。

"这是一份很棒的工作！我不仅可以躺在大自然的怀抱中，还可以帮助很多人。"
—— 尼科尔·米切尔机长，美国空军预备役第53远程气象侦察中队

追踪飓风

更多信息

为了获取更多信息，你可以点击彩色文字，进入百科全书的相关页面，那里有关于一些基本话题的更加深入的内容。其中，词汇表条目解释了一些复杂的术语。

更多知识、更多乐趣、更多互动，
尽在《灾难中的英雄》！

"我从来不感到恐惧，因为在过去23年中，我已经看到过太多次的火山爆发。即使我在明天死去，我也毫不在乎。"

——法国火山学家莫里斯·克拉夫特
他说完这段话的第二天，便死于1991年日本云仙岳火山爆发。

2009年，因智利柴滕火山爆发被淹没在火山灰中的汽车

目录

废墟中的海地

2010年1月12日，灾难降临位于加勒比海北部的海地。剧烈的地震摧毁了这个国家的首都太子港。在不到1分钟的时间内，有超过25万所房屋倒塌，大批民众被困在倒塌的房屋里。此次地震造成约22.25万人丧生，城市街道被瓦砾阻塞了好几个月（详见50～51页）。

危险的接近

在位于南非比勒陀利亚的开拓者纪念堂附近，摄影师米切尔·克罗格冒着生命危险拍下了袭击地面的3道巨型闪电的照片。这个国家雷暴天气多发。2011年，仅在两天内，就有15人因闪电袭击身亡。

* 龙卷风是怎么形成的？
* 哪种闪电是最致命的？
* 哪个飓风摧毁了整座城市？

灾害性天气

致命的一年 [每个月都有灾难]

自然灾害几乎每个月都会袭击世界上的某个地方。2010年，人类经历的灾难包括龙卷风、野火、洪水，以及发生在海地的毁灭性地震等。

世界各地

地球上没有什么地方是完全远离灾难的。火山爆发和地震发生在地球表面的断层带附近，然而极端天气可以导致全球性的灾难。一些与天气有关的灾难，如龙卷风，可以在几分钟之内造成巨大的破坏。其他灾害，比如干旱，发生得很缓慢，需要几个月甚至几年才会逐渐显现其危害。

暴风雪：北美洲，2月，超过10人死亡

龙卷风：美国中西部，6月，12人死亡

暴雨：墨西哥，2月，28人死亡

飓风艾力克斯
飓风艾力克斯在6月袭击墨西哥和美国，造成至少12人死亡。

海地地震
1月12日，地震毫无征兆地突袭海地。

智利地震
2月，智利发生8.8级地震，超过500人死亡。

北美洲

美国

墨西哥

欧洲

海地

尼日尔

南美洲

智利

干旱：尼日尔和其他位于非洲萨赫勒地区的国家

约1,000万人饱受饥荒之苦

地震：海地

海地，世界上最贫穷的国家之一，在剧烈地震发生时毫无准备。地震造成许多建筑物倒塌，大约100万人无家可归。

加勒比海

海地

南美洲

约22.25万人死亡

（来自海地政府的官方估计）

火山：爪哇

2010年底，位于爪哇岛上的印度尼西亚最活跃的火山之一——默拉皮火山爆发。许多人和家畜被连续喷发的有毒气体和火山灰淹没。

270余人死亡

火山灰层
火山爆发喷出的火山灰覆盖了周围的地面，距离火山13千米以内的地面都被火山灰覆盖了。

俄罗斯　　亚洲

中国

阿富汗
巴基斯坦

干达

暴雨引发的泥石流：
中国，甘肃省舟曲县

1,481人死亡

（截至2010年9月7日）

菲律宾　　**台风梅姬**
台风梅姬10月登陆菲律宾，夺去了36个人的生命。

印度尼西亚　　**默拉皮火山爆发**
这座火山在10月26日开始爆发。

澳大利亚

体滑坡：乌干达

0余人死亡

救援
人们在废墟中挖掘，试图找到被困在倒塌建筑物中的幸存者。

热浪和野火：俄罗斯，7~8月，5.5万余人死亡

雪崩：阿富汗，2月，170余人死亡

季风引起的洪水：巴基斯坦，7~8月，1,900余人死亡

2010年，约有**40**万人死于自然灾害（不包括饥荒）。

天气系统

天气是地球上空大气层的状态。在一些地区域，大气层的状态可以很平静地保持续好几个月。然而在另外一些区域，大气层的状态会剧烈变化，从而带来危险的极端天气，比如大雨、高温、极度、干旱、寒等。

流动的空气

这幅地球的卫星图像展示了云在大气层中的运动。地球的天气系统是一个由太阳引起的空气和水运动的复杂循环，云是天气系统中可以用肉眼看见的部分。

太阳能把土地、水和空气加热到不同的温度。云因暖空气上升而形成。暖空气中的水蒸气遇冷会凝结成无数的小水珠或冰晶，在空气中飘浮，这样就形成了云。

大气层

科学家把大气层分为5层。距离地球表面越近，大气层就越稀薄，这是因为气压随高度的增加而不断下降。

散逸层（约600千米~10,000千米）
人造卫星在散逸层中进入轨道绕地球运行。从这一层里，空气中的粒子和分子会散逸到太空中。

热层（约90千米~600千米）
极光就是在热层产生的。

中间层（约50千米~90千米）
流星在中间层里燃烧，在空中留下了轨迹。

平流层（约20千米~50千米）
平流层中有一些高层的冰云。

对流层（约0千米~20千米）
我们的生活在对流层里，天气现象也发生在对流层里。

对流层天气现象发生在对流层里，这一层覆盖盖在地球气直接表面上。对流层包含了大气层中几乎所有的水和大部分的云。

极锋急流
这条狭窄并快速移动的冷空气带可能会引发极端天气，比如暴风雨或洪水。

来自太阳的热能

赤道低气压带
这条沿赤道伸展的高温潮湿的空气带会带来频繁的雷暴天气。

85千米：世界上最高云层的高度

中纬度风暴

锋面

多云的天空
暖空气上升的高度和暖空气本身的温度决定了它将形成什么样的云。气流辐合抬升会形成积云和阵雨。强烈、快速抬升冷却的上升气流则会形成雷雨云。

中纬度风暴的危害
当大量寒冷的极地气团遇到赤道南北两侧中纬度地区的暖气团时，就会形成风暴云，进而形成中纬度风暴。中纬度风暴在北半球和南半球都会发生。

雷暴
当雷暴带来暴雨时，可能诱发洪水和山体滑坡。海洋中的热量产生的，临地或海洋上空温暖潮湿的空气快速上升，形成巨大高耸的雷雨云，常常形成局地性的雷暴。

飓风迪安
剧烈的风暴，例如飓风迪安，是由储存在海洋中的热量产生的。海洋中储存的热量使海洋表面的空气上升形成了充满水汽的云。剧烈的风使风云旋转，常常形成巨大的旋涡。

锋面
长排的云显示了不同气团相遇的情景。这个相遇的地方被称作锋面。锋面会在整个区域引发多变的天气，比如雨或雪。

气象学家

我们的地球在变暖，天气格局也正在发生改变。剧烈的气候变化引发了越来越多的雷暴、洪水、飓风、干旱、龙卷风和野火。气象学家（研究天气的科学家）监测天气的变化并且提醒我们注意可能要发生的极端天气。这是一个令人兴奋但有时又很危险的工作。

进入云层

为了准确地预报恶劣天气，气象学家们非常努力地工作。他们从分布在全球的地面气象站收集数据，使用人造卫星观察风暴的运动。有一些科学家不顾生命安危亲自去追逐风暴。他们把装载着仪器的气象气球直接发送到雷雨云中。这些气球可以监测大气要素，比如气压，从而帮助科学家们预测锋面的运动。

雷暴研究

在美国科罗拉多州的平原上，"强雷暴的带电性和降水研究（STEPS）"小组的科学家们准备把电场仪和无线电探空仪发射到雷雨云中。他们的目标是研究雷暴是如何产生电流和闪电的。剧烈的雷暴十分危险，因为可能会造成龙卷风。

目击者

姓名：唐·麦戈尔曼
时间：2000年6月22日
地点：美国科罗拉多州东北部
事件详情：唐·麦戈尔曼是STEPS移动气象气球研究小组的领导者之一，他主要研究风暴云里的闪电。

> **❝** 我记得，当我们捕捉到一次雷暴并且进入发射气球的地点时，我既紧张又兴奋。当看到气球顺利升向雷雨云时，我真是心潮澎湃。但紧接着就开始下冰雹了，为了避免受伤，我们只能赶紧冲进汽车里。**❞**

气象技术

科学家们可以测量超级单体雷雨云中空气的运动,也可以"看到"龙卷风的形成。他们使用多普勒雷达测量水滴在龙卷风或雷雨云中旋转的速度。雷达发射的微波束遇到水滴时会被反射,利用反射的回波就可以绘制出雷暴的图像。

车载多普勒雷达
在经常被龙卷风袭击的美国得克萨斯州的狭长地带,一辆可移动的多普勒雷达卡车在测量一次剧烈的雷暴。

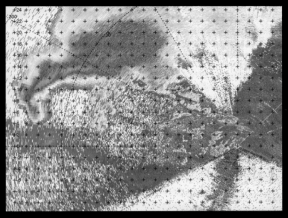

龙卷风的诞生
这幅多普勒雷达图像展示了龙卷风典型的钩状回波(图中红色部分),这次龙卷风正在一个超级单体雷暴的边缘形成。

天气预报

为了预测极端天气,气象学家需要及时了解天气变化。气象信息有许多来源,包括自动气象站和地球同步卫星。数据被采集后,就会被输入超级计算机中,这样就可以预报几天以后的天气。一旦预计出现极端天气,计算机就会自动向人们发出警报。

1 数据采集
位于大西洋上空的一颗地球同步卫星正在追踪一次飓风。为了准确观测温度变化,卫星同时采集了红外和可见光波段的图像。

2 数据处理
超级计算机正在处理卫星获取的数据,通过创建大气模式,模拟飓风在未来几天的发展动态。

3 紧急警报
天气模式被用于区域天气预报和预警。当飓风接近陆地时,天气预警可以让人们有足够的时间撤离。

气候学家的工作

气候学家研究地球长期的天气形势。他们利用气象数据,结合其他形式的证据,比如冰芯(从冰盖中取出的圆柱状长冰),来研究地球的气候变化。研究结果表明,地球正在以十分危险的速度变暖(详见86~89页),而人类可能是导致地球变暖的元凶。

冰芯样本
科学家在格陵兰取出一份冰芯样本。冰芯里有远古时期的空气形成的气泡,可以用来研究几千年前的气候是什么样的。

冰芯里的气泡告诉科学家,现在空气中的二氧化碳含量是

44

万年以来最高的。

龙卷风 [旋转的杀手]

龙卷风常发生于雷雨天气时，存在的时间很短，却是地球上速度最快的风，常常造成一连串的破坏。

龙卷风的内部

龙卷风有一个低气压的中心，周围被漏斗状凝结的水珠环绕。空气快速涌入并环绕漏斗螺旋状上升，同时一股强大的下沉气流通过朝向地面的漏斗抽吸空气。

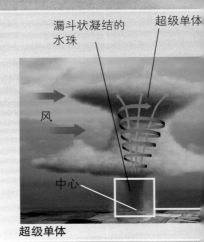

超级单体

危险区域
剧烈龙卷风的风速可以高达500千米/时，并且龙卷风本身可以有约76米宽。

龙卷风的形成

龙卷风形成于超级单体或旋转的雷暴的下方，像一个漏斗从云里伸出来，然后接触到地面。绝大部分龙卷风只持续10~15分钟，一些罕见的剧烈龙卷风可以持续大约1个小时。

1 漏斗形成
漏斗状的空气在旋转的超级单体的下方形成，自身也在不停地旋转，同时速度变得越来越快。

2 接触到地面
漏斗越来越长，直至接触到地面。灰尘和碎石被环绕中心的风吹得四处乱飞。

3 成熟
底部飞速旋转的风席卷地面。龙卷风现在达到了最大强度。

每年大约有 **1,000** 次龙卷风袭击美国。

龙卷风的后果
美国密苏里州的乔普林市在一次EF5级（详见24页）龙卷风横扫之后，变成一片废墟，1.6千米宽的废墟中仅留下一条小路供人们通行。此次龙卷风袭击造成158人丧生。

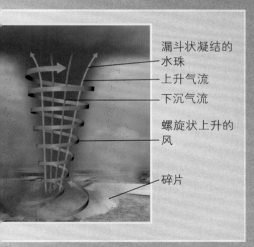

漏斗状凝结的
水珠
上升气流
下沉气流
螺旋状上升的
风
碎片

危险信号

龙卷风可以在短短的几分钟内形成，所以提前注意到危险信号显得十分重要。龙卷风将要袭击的地区的人们最先得到的预警通常来自电视或广播。人们在听到预警信息后，平均只有10~15分钟的时间逃到庇护所。

庇护所
地下庇护所可以阻挡风和飞溅的沙石。

巨型冰雹
某些龙卷风中出现的冰雹像网球那么大，每个可以重达1千克，非常危险。

龙卷风来袭预兆

- 黑暗且通常呈绿色的天空
- 大冰雹
- 巨大的、很低的乌云（尤其当乌云在旋转时）
- 很大的咆哮声，类似火车经过发出的声音

4 收缩并减慢
尽管龙卷风仍然威力很大，但风速开始下降。当龙卷风减弱时，它就开始倾斜并失去原有的形状。

5 消失
龙卷风倾斜得越来越厉害，被卷起的碎石掉落在地面上，然后龙卷风逐渐消失了。一些少见的剧烈龙卷风可以持续大约1个小时。

目击者

姓名：凯文·克克达
时间：2011年5月22日
地点：美国密苏里州乔普林市
事件详情：龙卷风袭击乔普林市时，克克达是该市圣约翰地区医疗中心急诊室值班的两名医生之一。

"我们听到一声可怕的巨响，好像有一股巨大的力量要把医院扯成两半……我们听到玻璃粉碎、墙倒塌的声音，人们在尖叫，天花板从我们头顶上掉下来……整个过程持续了大约45秒钟，但现在想起来，我还会觉得惊魂未定。"

开车进入龙卷风的中心是一件令人既无比兴奋又无比恐惧的事情。在满是飞沙走石的咆哮的风里，整辆车都在颤抖。最初的感觉很震撼，当我确定我们不会有什么危险后，我就开始放松下来品味这奇妙的时刻。

——肖恩·凯西，2009年

风暴追逐者

在2009年和2010年，"风暴追逐者"肖恩·凯西驾驶着终极龙卷风防御车纵横于美国中西部。这辆车的名字叫作"龙卷风拦截车（TIV-2）"，它陪伴了参与"VORTEX2"项目的100多位科学家。"VORTEX2"项目旨在研究为什么会有龙卷风和龙卷风是怎么形成的。通过收集更多的有关龙卷风的信息，科学家们希望能够更早地发出预警，这样就可以挽救更多的生命。

2009年6月5日，"VORTEX2"项目组创造了历史，他们记录下了一次龙卷风的完整过程。

上午11:30	队伍抵达美国怀俄明州，天气预报已预测当天会有超级单体风暴。
下午2:00	他们在戈申郡遇到了一个超级单体。
下午3:00	他们设置了多普勒雷达，以监测该风暴。
下午3:37	龙卷风警报发布。
下午4:07	龙卷风在拉格兰奇市附近形成。
下午4:10	队伍遭遇了像垒球那么大的冰雹。
下午4:31	龙卷风消退，警报解除。

仪表桅杆

拍摄塔

防弹玻璃

防风板

液压铆钉

装甲侧板

龙卷风拦截车（TIV-2）
这辆龙卷风拦截车重约7吨，有可以下降的防风板，用以防止大风从底部把车吹翻，还有液压铆钉，可以把车固定在地面上。

龙卷风的事实和统计数据

除了南极洲以外，世界其他大洲都会遭受龙卷风袭击。美国是每年发生龙卷风最多的国家，其次是加拿大和孟加拉国。龙卷风经常袭击城市和乡镇，并且比闪电更加致命。美国俄克拉荷马城位于龙卷风走廊的中心，自1890年以来经历过140多次龙卷风袭击。1974年，俄克拉荷马城一天之内就被龙卷风袭击了5次。

龙卷风等级

基于预测的风速和破坏程度，改进版藤田级数（EF）被用来量化龙卷风的强度。通常，EF0级龙卷风会毁坏交通标志、折断小树枝，而EF5级龙卷风可以把大楼夷为平地。

风速和破坏程度

EF0:	105千米/时~137千米/时	小破坏
EF1:	138千米/时~178千米/时	中等破坏
EF2:	179千米/时~218千米/时	较大破坏
EF3:	219千米/时~266千米/时	严重破坏
EF4:	267千米/时~322千米/时	毁灭性破坏
EF5:	超过322千米/时	彻底毁灭

被风吹走

人们见过各种各样的东西被龙卷风卷起并吹走，从很轻的纸张到动物、轿车和拖车。

人

奶牛

狗

校车

货运火车

床垫

鱼

轿车

旋转纪录
少年麦特·苏特保持了人类被龙卷风卷走最长距离的纪录。他被龙卷风卷走了398米，竟然还活了下来！

气压下降

龙卷风漏斗内部的气压比外部低10%左右。低气压和强劲的风让龙卷风能够卷起沉重的物体，比如汽车。

根据不同的气候条件，龙卷风的平均高度为 **100米~300米。**

银行支票的存根打破了物品被龙卷风卷走最长距离的纪录：**359千米。**

龙卷风走廊

美国中西部地区频繁遭受龙卷风袭击,每年有三四百次,因此这一地区被称为"龙卷风走廊"。这里是平坦广阔的平原,冷暖空气常常在这里相遇,形成破坏性极大的超级单体雷暴。龙卷风也常常发生在墨西哥湾沿岸,包括阿拉巴马州和佛罗里达州。

内布拉斯加州 45

堪萨斯州 55

龙卷风走廊

俄克拉荷马州 57

阿拉巴马州 25

139 得克萨斯州

佛罗里达州 55

1953—2004年每年发生龙卷风的次数

从1953年到2004年,美国得克萨斯州比其他州经历龙卷风的次数都要多,每年平均达139次。

改变方向
龙卷风的方向通常受风暴影响。在龙卷风走廊,龙卷风常常从西南向东北移动。

高峰时间

在美国,龙卷风全年都可能发生,但最常发生于春天和初夏温暖的午后。

逐月统计
从1991年到2010年,5月和6月是美国发生龙卷风最多的两个月。这段时间内,位于龙卷风走廊内的州会频繁遭受龙卷风袭击。

511 千米/时:
测量到的龙卷风最快风速

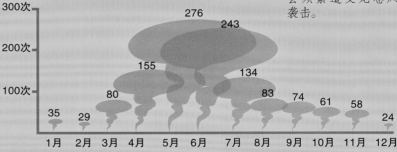

300次

276
243

200次

155
134

100次

80
83
74
61
58

35 29
24

1月 2月 3月 4月 5月 6月 7月 8月 9月 10月 11月 12月

侥幸逃生

尽管大型龙卷风可以夺走几百人的生命,但是每年都会有幸运逃生的例子。2012年4月,强烈的龙卷风袭击了美国得克萨斯州,但没有人因此丧生。龙卷风通常在白天形成,因此大多数人都可以及时进入庇护所。

695:
1925年美国"三州龙卷风"造成的死亡人数

龙卷风在地面上移动的最快速度:

117 千米/时

(1925年3月18日,使美国密苏里州、伊利诺伊州和印第安纳州都受影响的著名的"三州龙卷风"创下此纪录。)

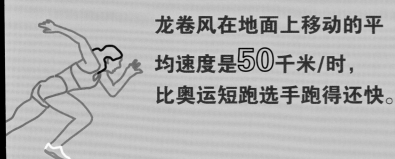

龙卷风在地面上移动的平均速度是50千米/时,比奥运短跑选手跑得还快。

悲惨的数字
孟加拉国保持了一次龙卷风袭击后死亡人数最多的纪录。

1300:
1989年孟加拉国一次龙卷风造成的死亡人数

飓风 [剖面图]

飓风和台风都属于热带气旋,是世界上最剧烈的风暴。大多数飓风和台风发生在夏末温暖且阳光明媚的海面上。飓风和台风的风速可以高达252千米/时。当它们登陆时,会造成巨大的破坏。

飓风是如何形成的

飓风形成时,海洋的温度至少有27℃。海洋表面的风吸收海上的水汽,形成了成排的雷雨云。

风的威力
2004年9月,飓风珍妮袭击美国佛罗里达州时,一辆卡车被强风吹倒了,压在一辆四驱车上面。

眼壁
雷暴的内圈在1小时内可以降下25厘米的雨水。

伸展
冷而干燥的空气从中间往外流动,可以从下面吸上来更多的空气。

风暴的风眼
风眼是位于风暴中心平静而温暖的区域。

旋转的风
强风围绕风眼旋转,从海上吸收水汽。

低气压
风眼中的气压比风暴其他区域的气压低。

吸力效应
风眼中的低气压使海平面上升,当飓风登陆时,就产生风暴潮。

风向
气旋在北半球逆时针方向旋转,在南半球顺时针方向旋转。

飓风卡特里娜

这些卫星图像显示了2005年袭击美国新奥尔良州的飓风卡特里娜(详见28~29页)的情况。这些图片中的不同颜色表示不同的海面温度:红色和橙色代表暖的,而蓝色代表冷的。

1 热带低气压和热带风暴
当风速超过63千米/时,热带低气压就发展成热带风暴。

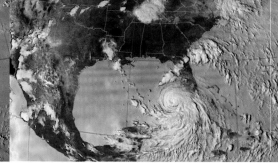

2 1级飓风
当风速超过119千米/时,热带风暴就发展成1级飓风。

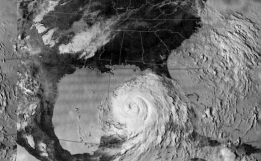

3 3级飓风
飓风吸收了墨西哥湾的水汽,增强为3级飓风。

达到顶端
热带气旋的顶端可以比海平面高出15千米。

巨型扩张
最大的热带气旋的直径可以长达800千米。

内部视角
如果你可以将飓风切片，你会看见云形成的墙绕着中间平静的风眼螺旋式上升。这个螺旋结构由巨大的雨带组成，随地球自转而旋转。

雨带
温暖潮湿的空气上升形成雷雨云的雨带，雨带之间由一些相对清澈的空间隔开。

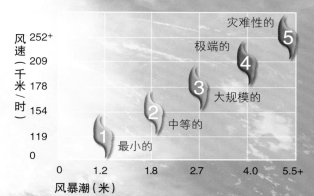

测量飓风

飓风的强度由萨菲尔－辛普森飓风等级来评定。通常，1级飓风会造成小损失，而5级飓风可以掀掉房顶，并给内陆地区带来洪水。

风速（千米/时）	252+					灾难性的 5
	209				极端的 4	
	178			3		
	154		2	大规模的		
	119	1	中等的			
	0	最小的				
风暴潮（米）		0 1.2	1.8	2.7	4.0	5.5+

国际标准
萨菲尔－辛普森飓风等级可以用来评定所有热带气旋的强度，包括飓风和台风。

9天：
飓风卡特里娜全记录

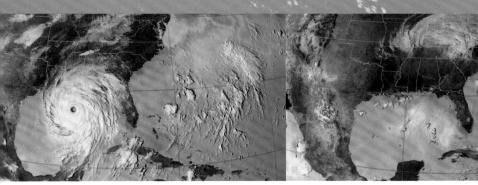

4 最大强度飓风
卡特里娜在登陆时短暂地变成了5级飓风。这时，旋涡中心的风眼清晰可见。

5 热带风暴和低气压
飓风在向美国北部移动时，逐渐减弱为热带风暴，然后再减弱为热带低气压。

更多信息

图示含义详见112页

气压 气旋
眼壁 登陆
热带风暴 热带

《飓风》
[英] 路易斯·斯皮尔伯利/著

《飓风与龙卷风》
[意] 马里奥·托奇/著

如果你居住在或者将要去往热带气旋多发地带，请查询当地政府发布的紧急事件注意事项。

风暴潮：飓风或台风登陆时导致的海平面上升。

热带气旋：通常在海面上形成的强大的热带风暴。

热带低气压：一种多雨多云的低气压天气系统。

热带风暴：一种在热带地区（赤道南北两侧的温暖区域）产生的风暴。

飓风卡特里娜 [时间轴]

2005年，飓风卡特里娜袭击了美国的墨西哥湾沿岸。持续的大暴雨让路易斯安那州的新奥尔良市陷入一片混乱。洪水淹没了街道，1,800多人因此丧生，几千人无家可归。

8月25日（下午6点半）
佛罗里达州
飓风袭击了佛罗里达州沿岸地区，风速高达130千米/时，14人因此丧生，大约100多万户家庭停电。

摄影师吉姆·瑞德被风暴围困

8月23日
热带低气压
位于佛罗里达州的美国国家飓风中心发布气象警报称，一个热带低气压正在巴哈马群岛上空形成。

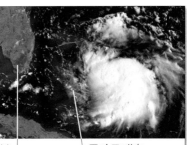

热带低气压正在向西移动

佛罗里达州　　　　　巴哈马群岛

8月24日
热带低气压增强为热带风暴，并被命名为"热带风暴卡特里娜"——2005年第11个被命名的热带风暴。

8月26日
美国国家飓风中心预测，飓风卡特里娜会向墨西哥湾的东部移动。路易斯安那州政府宣布进入紧急状态。

8月28日（上午7点）
卡特里娜增强为5级飓风，风速高达280千米/时。

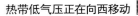

● **8/23** ● **8/25** ● ● ● **8/27** **8/28** ●

8月26日
飓风卡特里娜减弱为热带风暴，但是在经过墨西哥湾的温暖水域时强度又开始增加了。

8月27日
卡特里娜发展为3级飓风。官方建议，居民们应尽快离开新奥尔良市。人们在撤离新奥尔良市的过程中，这座城市发生了严重的交通堵塞。

8月28日（下午5点）
美国国家气象局用"潜在的毁灭性"来描述飓风卡特里娜。

8月25日（下午5点）
飓风
热带风暴卡特里娜发展为1级飓风，风速超过119千米/时。

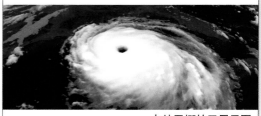

卡特里娜的卫星云图

8月28日
新闻发布会
当卡特里娜已经升级为5级飓风后，在上午的新闻发布会上，新奥尔良市市长雷·纳金要求居民们撤离新奥尔良市。

新奥尔良市市长雷·纳金

新奥尔良市市长雷·纳金说：

"我们正在面对一个令大部分人深感恐惧的风暴。"

8月28日
进入避难所

未能及时撤离新奥尔良市的居民进入路易斯安那巨蛋体育场避难。

人们正在巨蛋体育场外排队

9月1日
城市里的大混乱

新奥尔良市处于混乱之中，有很多人为了食物、药品和清洁的饮用水抢劫商店。美国政府派出军队以制止泛滥的犯罪行为。

被洪水淹没的城市街道

约**150**万人

从路易斯安那州撤离。

救援被洪水围困的人们

9月4日
救援

数千居民被撤离到安全地带，城市的秩序渐渐恢复。

8月30日
卡特里娜减弱为热带风暴，并在美国田纳西州造成了暴雨。

8月31日
卡特里娜减弱为热带低气压，它的残余势力在加拿大造成了大雨。

8/29 ● **8/31** ● **9/1** ● **9/2** ● **9/4** ● **2006** ●

8月31日
在新奥尔良市，仍然有大约10万人被洪水围困，其中大约2.5万人被围困在巨蛋体育场内无法外出。同时，这座城市中的积水水位停止上升。

9月2日
军队和救援队向被困居民发放食物、饮用水、毛毯和急救箱等生活用品。

9月5日
洪水退去，但是新奥尔良市的绝大部分地方空无一人，一片废墟。

2006年
新奥尔良市开始灾后重建。

8月29日（上午10点）
新奥尔良市

风速高达160千米/时，大雨袭击了新奥尔良市，防洪堤被冲垮。洪水涌进了街道。这座城市80%的区域都被洪水淹没了，有些地方积水深达6米。

洪水的卫星图像

2006年
幸存者的故事

丹妮莎的画

经历过飓风卡特里娜的孩子们用故事和图画记录了他们的经历。其中，一个叫丹妮莎的孩子用画展示了飓风袭击之前和之后她的家。

"在飓风来袭之前，我们家的炉子上总是有好吃的东西。"

——丹妮莎，卡特里娜儿童救援项目受助者

寻找避难所

面对145千米/时的大风，基韦斯特市的居民们正在与摧毁了美国佛罗里达州南部大片区域的飓风乔治抗争。飓风乔治于1998年9月在非洲海岸形成，在抵达美国之前，它已经在加勒比海地区夺去了大约600人的生命。

当闪电来袭 [亮光和破坏]

闪电令人生畏，却又充满魅力。它可能是世界上最壮观的景象了，尽管同时也可能带来致命的危险。每年，全世界大约有10万人遭到闪电袭击，其中2万人因此丧生。

全球的闪电

在你读这段话时，大约就有2000场雷暴正在世界上的某些地方发生。温暖的地方是闪电多发地带——非洲中部是发生闪电最多的地区，其次是赤道和赤道周围的其他地区。

热点
这幅图展示了全球的闪电多发地带。

闪电的类型

闪电有不同的类型，一次风暴中可能出现几种不同的闪电。闪电产生的热在空气中产生冲击波，形成雷的冲击力和声音。

云地之间放电
这是最常见和最致命的闪电类型。一道闪电从云中开始，袭击地面，然后又沿原路径返回，发出亮光。

云间闪电
在许多雷暴中，闪电发生在云和云之间，不接触地面。如果闪电被云遮挡了，这种闪电就被称为片状闪电。

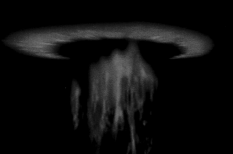

中高层大气闪电
这种闪电多发生在远高于雷暴的高层空间里，好似红色的精灵，在空中闪烁。它通常很微弱，从地面上观察不到。

幸存者的故事

每10个被闪电袭击的人中大约有8个能活下来。但是，许多幸存者都会有一些后遗症，比如关节僵硬、失明、对光敏感、失去听力、失去记忆、失眠、慢性疼痛，以及不能长时间坐立等。

7次袭击
美国的公园管理员罗伊·苏利文在35年中被闪电袭击了7次，而每次都侥幸逃生。

引发野火
在南非干燥的草原上，一道闪电引起了野火。几分钟后，雷雨云带来的降水在火势蔓延之前浇灭了它。通常，闪电是造成野火的主要原因之一。

闪电是如何形成的

雷暴发生时，云中的水滴相互碰撞，使它们带上了电荷。电荷不断积聚，直到形成闪电。闪电使云中的负电荷和地面上的正电荷连接起来。

220,000,000
千米/时：

一道闪电的平均速度

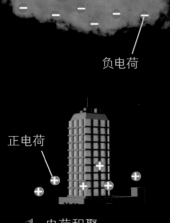

负电荷

正电荷

1 电荷积聚
雷雨云底部的负电荷吸引着地面上的正电荷

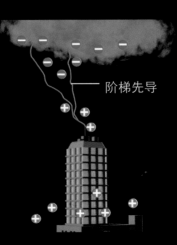

阶梯先导

2 阶梯先导
一束被称为阶梯先导的负电荷以"之"字形路径抵达地面。

回程闪击

3 回击
当正负电荷连接时，闪电就返回云层。

雪灾 [冷酷的杀手]

当温度下降时,雨就会变成冰和雪。雪看起来很漂亮,但冰雪的寒冷可以致命。当温度低于零下15℃时,人们在室外就有被冻伤的危险,甚至可能死于体温过低。

暴风雪和雪暴

当寒冷的极地气团遇到温暖潮湿的气团时就可能会形成暴风雪。较重的冷空气迫使潮湿的暖空气上升,便凝结形成了云和雪。当风速达到56千米/时且能见度低于400米时,暴风雪就升级成雪暴。

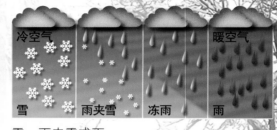

雪、雨夹雪或雨
如果从云端到地面的空气非常寒冷的话,下的就是雪。如果冷暖空气相遇,结果可能是雨夹雪或冻雨。

减轻负重
2012年在罗马尼亚的一个小村庄里,消防队员们正在把一座房子从雪里挖出来。在东欧,这场寒流致使500多人死亡,积雪厚达5米。

世界上的雪暴

在强烈雪暴中,冰冷的风吹动着雪,风速甚至超过72千米/时,能见度接近零。雪暴在美国、加拿大和俄罗斯都很常见。在其他一些多山的国家,比如伊朗和阿富汗,雪暴也时有发生。

1888年

美国和加拿大
1888年3月,受超级雪暴影响,美国东部和加拿大降下了约1.3米厚的雪。冰冷的风把雪吹到了前所未有的高度,有些地区积雪厚达15米,导致超过400人死亡。

1927年

苏联
20世纪最强烈的一次雪暴袭击了莫斯科和西西伯利亚,受灾地区的温度降到了零下40℃。

死胡同
1888年,美国纽约的工人们正在努

寒冷如何导致死亡

人的正常体温通常平均在36℃~37℃（腋窝）。如果人的核心温度下降到35℃以下，就可能发生低体温症。

36℃~37℃
正常体温

35℃
轻度低体温症：
出现奇怪的行为

32℃
中度低体温症：
行动困难

28℃
严重低体温症：
丧失意识，可能死亡

1972年

伊朗
在历史上最致命的一次雪暴中，有大约4,000人死亡。在有些村庄里，风卷来了多达米厚的雪，几乎所有的居民都被掩埋了。

1993年

美国和加拿大
这场雪暴被称为"世纪暴风雪"，因为降雪量巨大，而且风刮得像飓风一样猛烈，300多人因此丧生，多数人死于低体温症。

2008年

阿富汗
在这场雪暴中，阿富汗山区有大约1,000人死亡，降雪厚达2米，温度下降到零下25℃。

头顶上的危险

从屋檐上滴下的水被冻住后就形成了长长的钉子状的冰柱。如果它们从屋檐上断裂掉下来，会造成危险。在俄罗斯，每年都有十几个人被掉下来的冰柱杀死。

冰柱
一些冰柱有1米多长。它们在寒冷的天气里很坚固，但当天气回暖时就有可能掉下来。

雪崩 [白色死亡]

雪看起来似乎是无害的，但是如果它突然从山上滑落下来，就有可能带来致命危险。雪崩时，在几秒钟内，雪向下滑动的速度可以高达130千米/时，其经过范围内的所有东西都会被埋在雪下。

90% 涉及人的雪崩都是由受害者或附近的人引起的。

雪崩的类型

每次雪崩的情况都不同。有些雪崩发生是因为粉状的雪开始往下滑，还有些雪崩发生是因为堆积紧密的雪下方有一层雪突然松动下滑。几乎所有类型的雪崩都多发于早春，因为这时温暖的空气使堆积紧密的雪融化松动。

风向

断裂带

外悬的雪

雪檐
被风吹动的雪形成了一个隆起。外悬的雪在断裂带发生断裂，顺着斜坡坍塌下去。

释放点
这类雪崩通常从一个点开始，比如一棵树。

松散的雪
松散、粉状的雪以一个越来越宽的扇形从斜坡上滚下来。

巨型平板
有些雪块像一辆轿车那么大。

平板
整层雪开始移动。它冲下山后，断裂成小块。

防护措施

如果某地有雪崩的风险，有关部门会提前告知前来滑雪的人。通常，人们通过爆破和架设栅栏来保护雪山附近的村庄。

爆破
人们使用炸药清除雪崩隐患。

栅栏
防护网和木栅栏可以阻止小型的雪崩。

幸存者

遭遇雪崩时，携带正确的装备可以挽救你的生命，或者帮助你拯救另一个人的生命。正确的装备包括一个充气气囊和一把在被雪埋时可以使用的铲子。探测仪可以定位遇险者的位置，这样救援者就知道要在哪里把雪挖开。

无线电台
无线电台可以发出广播信号。当设置为接收模式时，它可以准确地定位被埋在雪里的人发出的信号。

折叠探测仪

折叠铲

无线电台

救援

救援的速度非常关键，因为遭遇雪崩的人生还的可能性在事发15分钟后就会迅速下降。狗可以帮助人们找到被埋在雪下的人。

正在工作的狗
经过训练的狗可以通过气味来定位被埋在雪下2米的人。

目击者

姓名：伊恩·米赛克

时间：2010年2月27日

地点：美国纽约州

事件详情：来自美国纽约州格伦斯福尔斯市的伊恩·米赛克在赖特峰上滑雪时遭遇了雪崩。

" 那感觉就像是我被冲进了一条湿润的水泥河里，而且越冲越快。我突然被流动的雪堆包围了。除了黑暗、恐惧和我无论如何也要爬出去的信念之外，我没有其他的记忆了。"

滚落的雪
美国阿拉斯加州德纳里国家公园福克拉山宿营地的游客们观看雪从山上滚落下来。

冰暴

雨在冷空气中下降时，有时会以着陆时的形态被冻住，在树上和电线上形成冰凌，路面也被包裹了一层很滑的冰。尽管这景象很漂亮，但冰暴却会造成致命危险。2009年，在美国中西部地区，冰暴导致了50多人死亡。

* 什么是绳状熔岩?
* 哪个国家的首都在2010年被夷为平地?
* 我们如何预测地震?

不稳定的地球

山体滑坡 [移动的大地]

我们总是认为大地是坚硬牢固的，但是当大地开始滑动时，一场灾难就会降临。有些山体滑坡是缓慢和渐进的。严重的山体滑坡通常发生得很快，没有任何征兆，让人们很难逃离。

原因和后果

霜冻和雨水常常让山坡上的土壤松动。人类活动也可以导致山体滑坡。树根通常可以把土壤牢牢地固定住，但人们砍伐树木，导致树根枯死，土壤也随之松动了。有些山体滑坡是由地震或火山活动引起的（详见58~59页）。

山体滑坡的类型
山体滑坡包括从缓慢的土壤蠕变到岩崩。岩崩时，整个山坡会瞬间下滑。

岩崩
当整个山坡坍塌时，岩石从空中垂直降落。

土壤蠕变
土壤反复冰冻融化时，就会沿着山坡缓慢地向下移动。

崩滑
地面以弯曲的厚片状下滑，形成巨大的平台或阶梯。

岩屑滑移
因冻融风化而破碎的岩石沿着山坡冲了下来。

泥石流
暴雨过后，泥浆从山上冲下来。

最快的山体滑坡速度是**5**米/秒！

泥石流造成的灾难

陡峭的山坡和密集的住宅可能是一个危险的组合。在暴风雨中，大雨可能使土壤以泥浆的形式移动，泥浆冲下山时，可以淹没波及范围内所有的东西。

2010年8月，中国，甘肃省舟曲县，1,481人死亡（截至2010年9月7日）

2010年9月，危地马拉，50人死亡

2011年1月，巴西，900多人死亡

巨型岩崩

2010年1月，巴基斯坦东北部的一个人看见一块巨型岩石冲向山谷。几个星期之前，同一地区发生了一次大规模的山体滑坡，截断了罕萨河。这次山体滑坡形成了一个新的湖泊，淹没了农田和村庄，约3万人被迫搬家。

不安分的地球

许多严重的灾难都是由地壳运动造成的。地球上板块与板块之间缓慢地相互碰撞或分开是引起地震和火山爆发的主要原因。

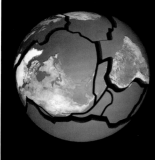

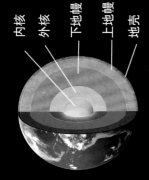

内核
外核
下地幔
上地幔
地壳

移动的地壳

地壳，或者说地球的外层，被分成了巨大的板块。这些板块"漂浮"在岩浆或熔岩上。岩浆像黏稠的沥青一般流动，每年可以使板块移动3厘米~4厘米。

板块边界的类型

在转换型板块边界，板块与板块互相剪切滑动，造成地震。在离散型板块边界，板块相互分开，而在汇聚型板块边界，板块相互碰撞。板块的离散和汇聚常常会造成火山活动。

大西洋中脊
断层带标明了地表面的巨型裂缝。板块通常在断层带上升、下沉或侧向移动。

地球上的板块
地球上有8个大板块和40多个小板块。这张地图展示了地球上的主

关键词：
● 火山

破裂的地壳
板块上有陆地或海洋，抑或两者都有。通常，板块与板块头在断层带上相遇。

移动的板块
在地幔里产生并向上涌动的岩浆形成了新的地壳，使板块在离散型板块边界上移动。

56毫米：圣安地列斯断层年平均的移动距离

环太平洋火山带
地球上最活跃的断层环绕着太平洋板块，被称为"环太平洋火山带"。太平洋板块边缘布满了活跃火山。

90%的地震发生在环太平洋火山带

圣安地列斯断层
这个断层位于太平洋板块和北美洲板块的交界处。

智利

南美洲板块

美国

北美洲板块

太平洋板块

新西兰

印度－澳大利亚板块

亚欧板块

非洲板块

冰岛

黄石公园的间歇泉

虽然远离两个板块分界或断层带，但黄石的间歇泉水和间歇泉有"热点"加热，但黄石岩浆上升到地表的下边缘，形成膨胀并可能形成火山活动。

柴滕火山爆发

2009年，智利的柴滕火山爆发，附近的一个小镇被一层厚厚的火山灰覆盖。像许多火山一样，柴滕火山位于汇聚型板块边附近，在这里两个板块常常相互撞击。

埃亚菲亚德拉火山爆发

冰岛这个国家位于大西洋中脊上，在这里两个板块正在相互偏离，或者说相互说离的埃亚德的埃亚菲亚德拉火山活动，例如2010年的埃亚菲亚德拉火山爆发，在离散型板块边缘尤为常见。

基督城地震

新西兰的某些地方位于转换型板块边界上，在这里两个板块可能会突然滑动或相互错位。2011年，发生在新西兰基督城的地震致使180多人丧生。

海洋和陆地碰撞

在海底深处，离散型板块边界喷出的熔岩岩持续不断地形成新的海床。海床像一条慢动作传输带一样，向汇聚型板块边缘不断伸展。在汇聚型板块边界，海床就会伸展到上面有陆地的板块的下面。

火山的形成

山脉和火山变高，是因为板块边缘的陆地发生变形。

板块碰撞

在汇聚型板块边界，上面有沉重海床的板块被俯冲入上面有较轻陆地的板块的下方。

海床的伸展

海脊两侧的海床向外伸展，形成新的地壳。

海床的形成

滚烫的熔岩在遇到寒冷的海水时被冷凝固，形成海床。

碰撞的板块

碰撞型板块边界，上面有海床的较重的板块在被向下推入地板块时，会弯曲变形，甚至会部分熔化。这种俯冲的碰撞会产生强烈的地震。板块边缘上涌的岩浆也可能形成火山。

岩浆涌出

岩浆从大洋中脊的断层带里涌出。

岩浆上涌

岩浆流从地幔深处缓慢地向上涌。

地球科学家 [危险的工作]

地质学家，或者说地球科学家，身处自然灾害研究的前线。有些地质学家不顾生命安危研究活火山。还有一些地质学家研究地震，致力于了解下一次地震在什么时间、以怎样的形式发生。

地震学家

地震学家们研究各种形式的地震，从大地轻微的震动到剧烈的摇晃。他们的工作之一是监测地表下面的活动，这可以帮助他们在地震发生之前发出预警。

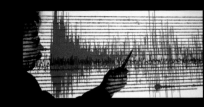

揭秘踪迹
这条来自地震仪（详见49页）的曲线显示了地震期间地面的运动。

帕克菲尔德实例研究

美国加利福尼亚州的帕克菲尔德位于圣安地列斯断层之上的右侧（详见44页）。这个小镇上密布着许多地震仪，是世界上被研究得最彻底的地震带。在帕克菲尔德，两个相邻的板块形成了断层，科学家们主要研究地面是如何沿着断层缓慢变形的。

圣安地列斯断层

从空中俯瞰，圣安地列斯断层就像陆地表面一条巨大的疤痕。从这个角度看，在帕克菲尔德附近，太平洋板块的边缘在左侧，而北美洲板块的边缘在右侧。

激光监控

在帕克菲尔德，光电测距仪向断层发射激光束。激光束遇到反射物后会返回，计算机就可以测量它们返回用了多长时间，而沿断层的岩石的移动会导致返回时间上的变化。

蠕变仪

蠕变仪计算断层的滑动（岩石之间的相对移动）。这个仪器可以测量放置在地面上的两个地标之间的距离。这些地标由电线相连接，电线的任何变化都会被电子仪表监测到。

应变仪

应变仪可以监测断层滑动、地震和火山导致的细微的地壳变形。应变仪可以由太阳能板提供能源，实现全自动化运作。它们将数据发射给人造卫星，而后这些数据会被传输到地面上的计算机中进行分析。

与死神共舞
一位火山学家正在记录位于意大利西西里岛的埃特纳火山上的熔岩流。熔岩凝固之后会形成黑色的岩石。埃特纳火山是欧洲最大的活火山，也是世界上被广泛研究的火山之一。

工作中的火山学家们

火山学家们就像侦探一样。他们追踪火山岩或火山气体中的线索，预测未来的火山爆发情兄，以便向人们发出预警。他们有时会在正在喷发的火山边缘工作，面临着吸入有毒气体或被滚烫的熔岩烫伤的危险。

在火山上
一位科学家穿着可以反射热的防护服，正在用镐采集一块熔岩的标本，以便回到实验室后进行分析。

雷达枪
一位火山学家正在用雷达枪测量表层岩石下熔岩流的速度。雷达枪的原理和用来测量棒球飞行速度的仪器的原理相似。

地震 [移动和摇晃]

地震发生之前通常毫无征兆，所以几乎没有时间让人们采取任何措施。在恐怖的几分钟内，大地剧烈晃动，有时大楼也会倒塌。

地震的类型

地震常发生在板块边缘的地壳断层上。如果临近的板块相互移动或卡住，能量就会聚集，直到最终以地震的形式释放出来。

正断层
正断层多出现在离散型板块边界，指一个板块相对上升，另一个板块相对下降。正断层可以产生不同强度的地震。2011年，大西洋中脊上的一次地震达到了5.2级。

逆断层
逆断层多出现在汇聚型板块边界，指一个板块插入另一个板块的下方。逆断层一般可以导致地震或海啸。1960年，智利的地震就是由逆断层引起的。

震中
最剧烈的破坏多发生在震中——震源垂直上方的点。

地震波
这些能量波从震源发出。

震源
震源，是岩石断裂引起震动的地方。

走滑断层
走滑断层多出现在转换型板块边界，指两个板块在同一平面发生相对移动。走滑断层可能导致不同的结果，从轻微的震动到剧烈地震，例如2010年的海地地震。

扭曲的铁轨
2010年，新西兰基督城大地震过后，工人们正在检查地震给铁轨带来的破坏。

里氏震级

里氏震级用来测量地震的强度。每一级代表10倍的增加，因此8.0级地震的强度是7.0级的1,000倍。

级表

9.0 极强
巨大的破坏和死亡（约每年1次）

8.0 超强
在广泛的区域内造成严重破坏（约每年1次）

7.0 甚强
在较大的区域内造成严重破坏（约每月1次）

6.0 强
在震中附近造成大破坏（约每月10次）

5.0 中
在震中附近造成一些破坏（约每月100次）

4.0 弱
通常能感觉到，但几乎没有破坏（约每小时1次）

3.0 微弱
在震中附近能感觉到，几乎没有破坏（约每小时10次）

1.0~2.0 极弱
有感觉，没有破坏（约每小时100次）

测量地震

地震仪通过感应地面的运动来测量地震强度。地震仪可以监测到地球另一端的地震引起的震动。

地震仪
通过地震仪，地震波记录下来。

9.5级：
1960年5月22日发生在智利的大地震是观测史上记录到的规模最大的地震。

9.1级
2004年，印度尼西亚
这次海床下的地震引起了一次巨大的海啸（详见74~75页）。

8.0级
2008年5月12日，中国，四川省汶川县
汶川地震过后还有100多次小型余震。

7.0级
2010年，海地
尽管袭击海地的不是最强的地震，但这次地震却造成了惨重的伤亡。

致命的地震

纵观历史，在人口聚集区发生的地震已导致数百万人死亡。另一方面，史上最强的地震——1960年的智利地震，却导致了较少的伤亡人数（约5,000人死亡），这是因为这次地震发生在人口较少的地区。

526年 土耳其，安塔基亚
约250,000人死亡，震级不详

865年 伊朗，达姆甘
约200,000人死亡，震级不详

1138年 叙利亚，阿勒颇
约230,000人死亡，震级不详

1290年 中国，华北平原地区
约100,000人死亡，震级不详

1556年 中国，陕西省
约830,000人死亡，8.0级

1727年 伊朗，大不里士
约77,000人死亡，7.7级

1908年 意大利，墨西拿
100,000~200,000人死亡，7.5级

1920年 中国，宁夏回族自治区海原县
约200,000人死亡，8.5级

1923年 日本，关东地区
约142,800人死亡，7.9级

1948年 土库曼斯坦，阿什哈巴德
约110,000人死亡，7.3级

1976年 中国，河北省唐山市
242,769人死亡，7.8级

2004年 印度尼西亚，苏门答腊岛
227,898人死亡，9.1级

2008年 中国，四川省汶川县
87,587人死亡，8.0级

2010年 海地，太子港
约222,500人死亡，7.3级

地震的后果 [海地]

2010年1月，一场毁灭性的地震袭击了海地——世界上最贫穷的国家之一。这次地震将海地的首都太子港——200万民众的家乡夷为平地，引发了一场国际救援行动。

1月12日

倒塌的大楼

傍晚时分，人们徒手在废墟里挖掘，试图寻找幸存者。这座城市中70%的建筑物倒塌了，其中包括大约4,000所学校。

在废墟中搜寻

1月12日（下午4:53）

地震的震中

一个走滑断层（详见48页）的岩石里聚集的压力突然以一场大地震的形式释放出来。这次地震的震中位于一个叫莱奥甘的小镇，在太子港以西25千米处。

太子港　海地

莱奥甘

1月13日
来自古巴和秘鲁的救援队伍陆续抵达。工作人员在残存的医院里尽力抢救伤员。

1月14日
人们利用社交网站筹集捐款以支持救援行动。

1月16日
人们建立了临时医院，其中包括红十字会的基础医疗设施。

1/12　　1/13　　1/15　　1/16

1月15日
18个月大的婴儿维尼被困在一座倒塌的大楼内68小时后，被救援人员发现，奇迹生还。

1月17日
大地震后的两次余震引起了民众的恐慌。这两次余震分别有4.6级和4.7级。

1月12日

巨大的伤亡人数

新闻报道最开始称，有约20万人死亡，还有更多人受伤。这座城市里大部分医院都被毁坏了。街道上满是瓦砾，食物、水和药品无法及时送达。

1月15日

搜寻和救援

来自20多个国家的救援队伍正在搜寻幸存者。他们通过轮船和飞机运来了食物和清洁的饮用水。

从废墟中救出的妇女

"到处都是尘土飞扬，整个社区变得像爆米花一般。"

——1月12日，莫尼克·克莱斯卡，太子港

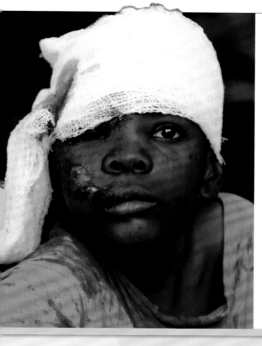

1月18日
医疗救援
地震发生6天后，"无国界医生组织"在太子港建立了4处医疗机构。尽管如此，仍然有几千人住在分布于首都各处的临时帐篷里，等待医疗救援。

帐篷医院里的海地儿童

法国救援队

1月27日
幸存女孩获救
在地震发生15天后，16岁的女孩达莲娜·艾蒂安从废墟中被救出来。尽管她非常虚弱，严重脱水，但是她仍然活着。她说自己是靠喝浴缸里的水活下来的。

1月20日
美国海军医疗舰"安慰号"开始从当地医院接收伤员。

美国海军医疗舰"安慰号"

1/18 • 1/20 • 1/23 • • 1/27 • • 2011 •

1月20日
一场5.9级余震导致一些摇摇欲坠的建筑彻底倒塌。

1月23日
海地政府宣布搜救行动结束。

1月30日
美国政府启动了一项食品分配方案。

灾后重建
帮助海地民众的行动仍在继续。

1月18日
急救物资
美国空军开始向太子港附近的指定地区投放救援包裹。

使用降落伞空投救援包裹

2011年
1年之后
地震1年后，海地仍然很难恢复到震前的情况，灾后重建之路任重而道远。大约有100万人仍然居住在帐篷里，太子港街道上的瓦砾仅有5%被清除了。

太子港的帐篷城

生活与地震 [有备无患]

科学家可以监测地震，但是仍然不能准确地预测下一次大地震的发生时间和地点。因此，如果你居住在，或者将要访问地震多发地带，提前做好准备是非常重要的。

地震预测

132年，中国发明了世界上第一台地震仪——地动仪，它可以感应到地震的发生，并能指出地震发生的方向。现代地震仪要精确得多。通过团队合作，地震仪可以监测到几千千米以外的地震。

龙在地震时吐出铜珠

地动仪（古代地震仪）
这台中国古代的地动仪里有8颗铜珠。地震发生时，相应方向上的龙就把铜珠吐到下方的青蛙嘴里。

现代地震仪
有些数字地震仪是专门在海底使用的。海底地震可能引起海啸（详见72页）。

建筑物的保护

世界上一些最高的建筑物就位于地震带上。为了减少地震造成的破坏，这些大楼都配备了减震装置，比如可以吸收震动的地基和调谐质量阻尼器，它们的工作原理就像巨型钟摆一样。

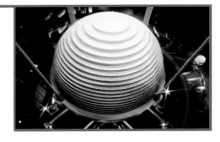

101大楼阻尼器
位于大楼顶部的调谐质量阻尼器在有震动或者强风的时候就会摇摆，这样就可以吸收震动的能量，防止大楼因此倒塌。

台北101大楼
这座破纪录的大楼高达500多米。它的主要阻尼器安装在87楼到92楼之间，相当于两架满载的大型喷气式客机那么重。

台北101大楼

10,000人：平均每年死于地震的人数

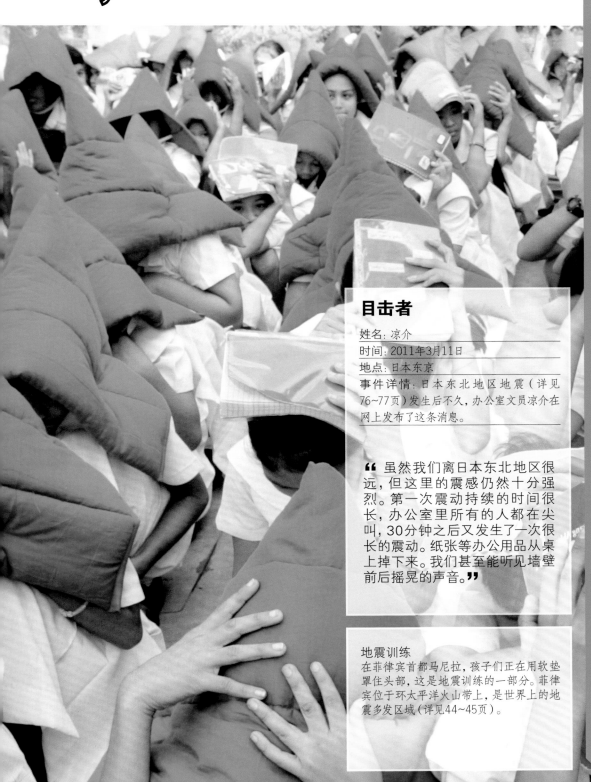

地震训练
在菲律宾首都马尼拉，孩子们正在用软垫罩住头部，这是地震训练的一部分。菲律宾位于环太平洋火山带上，是世界上的地震多发区域（详见44~45页）。

目击者

姓名：凉介
时间：2011年3月11日
地点：日本东京
事件详情：日本东北地区地震（详见76~77页）发生后不久，办公室文员凉介在网上发布了这条消息。

❝ 虽然我们离日本东北地区很远，但这里的震感仍然十分强烈。第一次震动持续的时间很长，办公室里所有的人都在尖叫，30分钟之后又发生了一次很长的震动。纸张等办公用品从桌上掉下来。我们甚至能听见墙壁前后摇晃的声音。❞

更多信息

图示含义详见112页

《地震》
［英］理查德·斯皮尔伯利/著

去自然博物馆寻找有关地震的更多信息。英国伦敦的自然历史博物馆内有一座日本超级市场的重现展览，这个展览展现了1995年日本阪神大地震的严重影响。

如果发生地震时你正在房间内，请你按照下面的提示做：
· 趴在地上。
· 躲在坚固的家具下面，比如餐桌或写字台下。
· 坚持到震动停止后再出来。

地震仪：记录地震产生的震动的仪器。

震颤：地震时大地摇晃或颤动的运动。

调谐质量阻尼器：摩天大楼或其他高楼中安装的沉重装置，用来防止大楼被地震破坏。

火红的河流

在美国夏威夷岛上，来自基拉韦厄火山的红色熔岩形成的河流正在以约800米/时的速度缓慢流淌。虽然这座房子的主人有足够的时间撤离，但他无法阻止这座木头房子被烧毁。

层状火山

在你阅读这段文字的时刻，全世界大约有20座火山爆发了。其中，最危险的是巨型层状火山爆发，它可以将火山灰和火山气体喷得很高，进入地球的大气层中。

火山的生命周期

大部分活火山的年龄都小于10万年。一座层状火山在它生命周期的早期特别危险，它的爆发次数惊人。然后，它的爆发次数会逐渐减少。最终，它会完全停止活动，变成一座死火山。

1 诞生
当地下深处的岩浆向上涌动时，一座层状火山就开始了。当生命周期的时候，就形成了火山爆发。岩浆涌出地面的时候，就形成了火山爆发。

火山灰云
风可以把火山灰吹到很远的地方。

火山气体
火山喷发出的有毒气体可以混入大气层中。

主火山口
岩浆从火山锥顶端的火山口涌出。

熔岩岔道
大型火山通常有一些小一点儿的熔岩岔道。

熔岩流
火山口涌出的熔岩顺着火山侧面流下来，冷却后就变成了岩石。

火山锥
层状火山通常有高高的对称的火山锥。

熔岩区

岩层

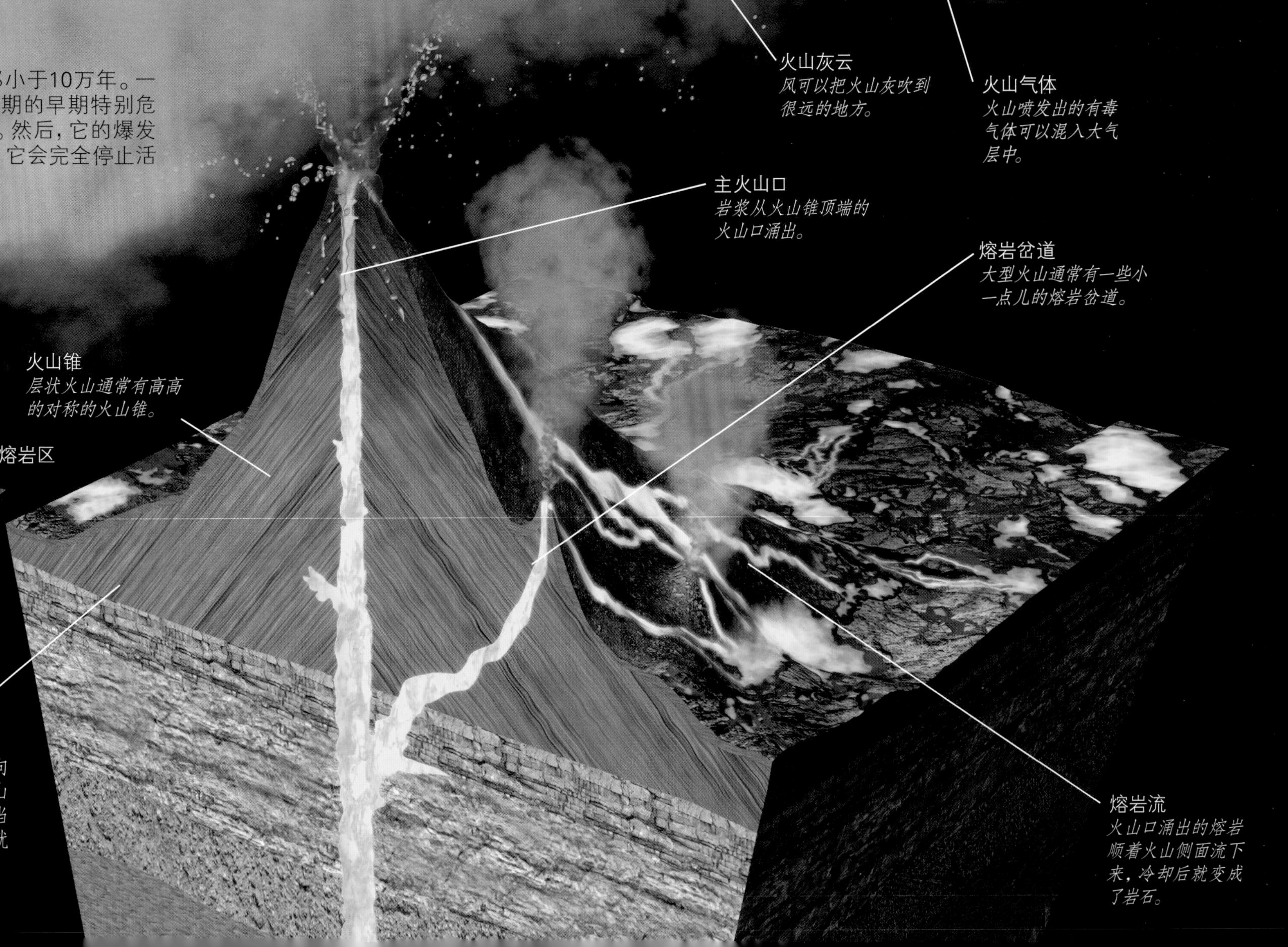

活跃期

这条管道连接了岩浆房和火山口。

维苏威火山爆发

79年，意大利维苏威火山突然爆发，围的赫库兰尼姆城和庞贝城被4米厚燃烧着的浮石和火山灰所覆盖。

庞贝城的遇难者
1748年，几座城市重新被人发现。这个城市显示了1周埋的城市。模型显示了工周里做人体模型重新被人者的遗体腐烂后留下的硬状坚硬的火山灰下的遇难者表现出极度恐惧。

目击者

姓名：普林尼
时间：79年
地点：意大利某芬
事件详情：事发时，普林尼在维苏威火山附近和他的叔叔待在一起。事后，他在信中描述了火山爆发时的情景。

"火山灰已经掉下来了……我四处张望，一片浓密的黑云在我们身后升起，像洪水一样席卷地面。火山灰继续往下掉，这次停留很大的雨不停掉，不然我们就会被埋把它们掉掉，在火山灰下。"

熔岩区

侵蚀锥

固态岩浆形成的火山颈

岩浆房
地球内部的热能让熔化的岩石保持液态。

岩浆

2 山灰层由火山爆发后凝固的火山灰和熔岩构成，并会逐渐堆积为一个高大陡峭的火山锥。火山的高度增加得很快，可以高达5,000米。熔岩会从火山底部蔓延开来，形成荒凉的地貌，几乎没有生命的痕迹。

3 侵蚀
火山不再活动后，侵蚀就开始了。风和雨逐渐带走了硬化的火山灰。然后熔岩山锥和熔岩区在熔岩慢慢变小。植物在生长，火山土壤为其提供了丰富的营养。隙缝被在熔岩的缝。

4 火山颈
历经数千年后，熔岩区仍然能被看出来，但侵蚀部分的火山锥都被一个高大坚硬的岩石区。残留下的是火山颈——在火山管道中留下的坚硬的岩浆管道中留下的硬岩浆的核心部分。

火山尘

火山爆发时，无数的岩石碎片被喷入空中。较重的碎屑就很快掉到了地上，但是火山灰的微粒可以被强劲的风吹到很远的地方。

火山灰颗粒
如果火山灰被吹进眼睛或进入飞机发动机里，它锋利的边缘会造成巨大的危险。

火山灰
火山灰颗粒的直径通常小于2毫米。浓密的火山灰云可以遮住太阳。

火山砾
火山砾看起来像细小的石头，大小在2毫米~64毫米。熔岩在下降过程中从液态变成固态而形成了火山砾。

火山弹
火山弹的大小一般超过64毫米，常落在火山口附近。

熔岩和火山泥流 [滚烫的石头和泥浆]

火山爆发时，熔岩会从火山上流下来，可能冲垮并烧毁建筑物。此外，火山泥流（火山泥形成的河）也非常危险，它一旦停止流动就会变得像混凝土一样。

流动的熔岩

2002年，巨大的熔岩流从位于非洲中部的尼拉贡戈火山上倾泻而下。这条熔岩流穿过火山脚下的戈马市，摧毁了4000多座建筑物。幸运的是，大部分人都有足够的时间逃生。

熔岩的类型

绳状熔岩很细，而且又软又黏，表面像玻璃一样光滑。绳状熔岩冷却下来变成固态后会形成光滑的表面。块状熔岩比绳状熔岩要黏稠一些，凝固后表面比较粗糙。枕状熔岩在海床上形成，形状就像从牙膏管中挤出的牙膏。熔岩炸弹是熔化的岩石块，当陆地上的火山爆发时，熔岩炸弹通常被抛向空中。

绳状熔岩　　　　块状熔岩

枕状熔岩　　　　熔岩炸弹

坚硬的河流
这个男孩站在被火山爆发毁灭的城市戈马的市中心，手里正拿着一团冷却的熔岩。在他身后，尼拉贡戈火山仍然在持续不断地喷出烟和火山灰。

火山泥流

火山爆发或暴雨会引起火山泥流，火山泥流黏稠、厚重并且充满了棱角锋利的小颗粒。泥流一旦从山坡上倾泻下来，就会形成灰白色的急流，吞噬大片的农田和房屋。1991年，皮纳图博火山爆发，紧接着又发生了飓风，在菲律宾造成了火山泥流。

屋顶上的救援
菲律宾的学生们被黏稠的泥浆包围，只得在屋顶上等待救援。幸运的是，大部分人都有时间撤离到安全地带。

更多信息

图示含义详见112页

热点　火山冬天
火山口　火山碎屑
海底黑烟囱　破火山口
火山碎屑流　间歇泉
喷气孔

《不可捉摸的火山》
[法] 弗朗索瓦·米歇尔/著

《体验科学家——做一个火山学家》
[英] 苏西·加兹利/著

你可以参观美国夏威夷火山国家公园内的贾加尔博物馆，了解地震仪和火山学家们使用的特殊工具。

你可以去有火山的地方旅行，或者从专门卖矿物和化石的商店购买标本，开始你自己对火山石的收藏吧！

火山的事实和统计数据

火山是世界上最令人恐惧的山，有些火山还是世界上最大的山。全世界有大约500座活火山，还有许多休眠火山和死火山。但是，表象是具有欺骗性的。在几千年的"沉睡"之后，休眠火山可能会突然爆发，给周围的生命带来灾难。

增长最快的火山

1943年2月，在墨西哥的一片玉米地里，一座新的火山开始爆发。这座火山以附近一座小镇的名字命名，叫作"帕里库廷火山"，它迅速地高过了周围的景观，被称为"史上增长最快的火山"。

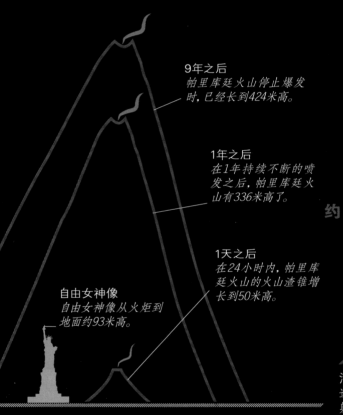

9年之后
帕里库廷火山停止爆发时，已经长到424米高。

1年之后
在1年持续不断的喷发之后，帕里库廷火山有336米高了。

1天之后
在24小时内，帕里库廷火山的火山渣锥增长到50米高。

自由女神像
自由女神像从火炬到地面约93米高。

最大的声音

1883年，位于印度尼西亚爪哇岛和苏门答腊岛之间的喀拉喀托火山爆发了。这次爆发产生了史上最响的声音，它比航天飞机发射升空的声音还要大几千倍。

喀拉喀托火山

珀斯

澳大利亚

听见火山爆发的声音
约3,540千米之外的澳大利亚珀斯市都可以听见喀拉喀托火山爆发的声音。

约 # 2.9小时：

火山爆发的声音从喀拉喀托火山传到澳大利亚所用的时间

火山的状态

火山按状态被分为活火山、休眠火山和死火山。休眠火山可能再次变成活火山，但是死火山已经结束了它的活动期并且不太可能再次爆发了。

活火山
这些火山可能爆发，喷射火山气体，或者造成大地震颤。

休眠火山
这些火山不处于活动期，但是在过去的10,000年中可能爆发过。

死火山
这些火山不处于活动期，并且在过去的10,000年中都没有爆发过。

火山的形状

火山有不同的形状，这取决于它们产生的熔岩的类型。层状火山和锥形火山是由厚重、移动缓慢、黏稠的熔岩形成的。盾形火山是由稀薄、软黏的熔岩形成的，这种熔岩通常会流淌很长一段路才凝固。

常见的类型
这些轮廓线条展示了3种主要的火山形状。其中，锥形火山是最常见的火山类型。

层状火山
这种火山有高而陡峭的火山锥，是由一层一层的熔岩和火山灰堆积成的。

盾形火山
这种火山是圆顶形的，有着广阔平缓的山坡。

锥形火山
这种火山有一个宽阔而陡峭的火山口，大部分是由一层一层的火山砾堆积成的。

造成死亡人数最多的火山爆发

印度尼西亚拥有世界上最多的活火山。在历史上造成死亡人数最多的10次火山爆发中，有5次发生在印度尼西亚。

36,000人
喀拉喀托火山
（印度尼西亚）
1883年

25,000人
内华达德鲁兹火山
（哥伦比亚）
1985年

10,000人
克卢德火山
（印度尼西亚）
1586年

500人
维苏威火山
（意大利）
1631年

5,000人
克卢德火山
（印度尼西亚）
1919年

10 **8** **6** **4** **2**

9 **7** **5** **3** **1**

4,000人
加隆贡火山
（印度尼西亚）
1882年

9,000人
拉基火山
（冰岛）
1783年

15,000人
云仙岳火山
（日本）
1792年

29,000人
皮贝利火山
（马提尼克岛）
1902年

92,000人
塔博罗火山
（印度尼西亚）
1815年

死亡人数

在历史记载中，造成最多死亡人数的火山爆发是1815年的印度尼西亚塔博罗火山爆发。遇难者有些死于火山爆发本身，有些死于火山爆发后的饥荒，因为火山灰会导致牲畜窒息和农作物枯萎而亡。

146立方千米：
塔博罗火山爆发喷射到大气层中的火山灰的量

最大的火山

太阳系中最大的火山是火星上的奥林帕斯火山。这个巨型的盾形火山可以非常轻松地吞噬地球上10座大火山，还绰绰有余。从海平面算起，地球上最高的火山是奥霍斯－德尔萨拉多火山，这座火山是南美洲安第斯山脉的一部分。

火星上的巨人
奥林帕斯火山几乎有珠穆朗玛峰的3倍那么高。

地球上最高的火山
从海平面算起，地球上最高的火山是奥霍斯－德尔萨拉多火山。但是，如果从火山位于海底的基座开始测量，最高的火山则是美国夏威夷岛上的莫纳亚克火山和临近的莫纳罗亚火山。

奥林帕斯火山
约25,000米

从海底测量最高的火山
莫纳亚克和莫纳罗亚火山从海底的基座开始测量，高度都超过10,000米。

海拔最高的山
珠穆朗玛峰不是火山，但它是世界上海拔最高的山，约比奥霍斯－德尔萨拉多火山高2,000米。

最高的火山
奥霍斯－德尔萨拉多火山是位于阿根廷和智利交界处的一座层状火山。

珠穆朗玛峰
8,844.43米（2005年测绘）

奥霍斯－德尔萨拉多火山
约6,893米

火山岛
莫纳亚克火山是夏威夷岛上一座巨大的盾形火山。

莫纳亚克火山
约4,205米

莫纳罗亚火山
约4,169米

海平面

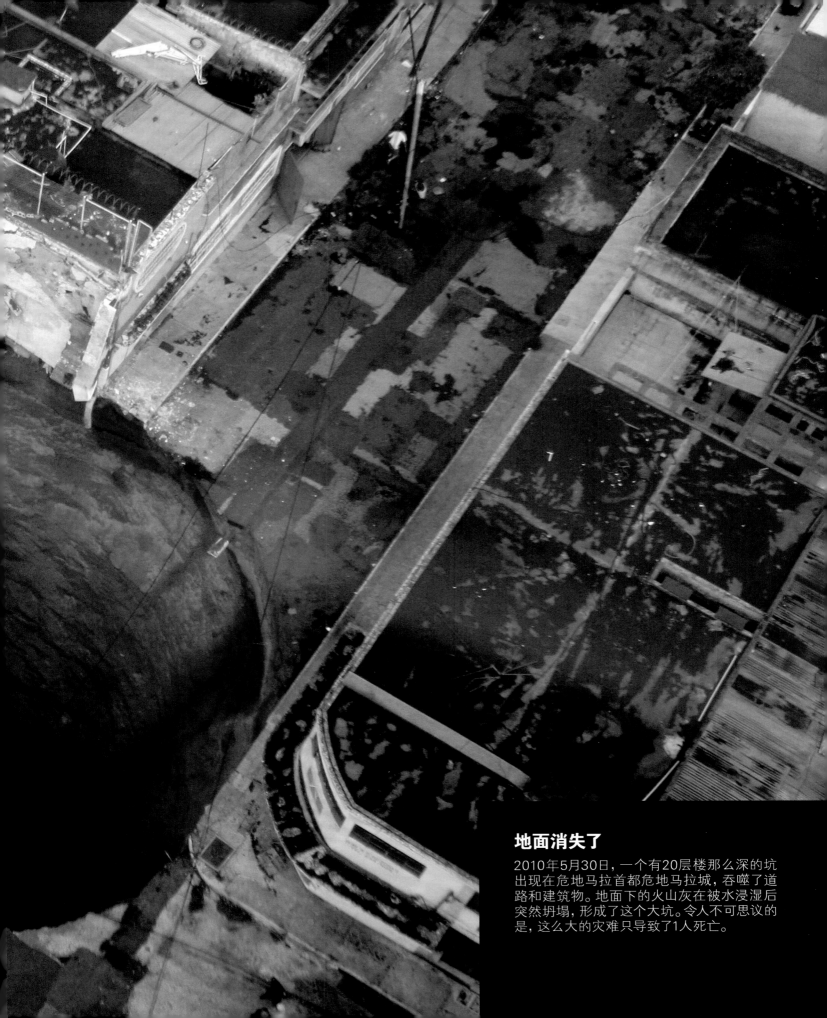

地面消失了

2010年5月30日，一个有20层楼那么深的坑出现在危地马拉首都危地马拉城，吞噬了道路和建筑物。地面下的火山灰在被水浸湿后突然坍塌，形成了这个大坑。令人不可思议的是，这么大的灾难只导致了1人死亡。

* 最严重的洪水发生在哪里？

* 哪次巨浪夺去了约230,000人的生命？

* 哪个大洲遭受了最多的季风？

汹涌的水

洪水 [肆虐的水]

洪水每年在全世界会夺去大约20,000人的生命。大部分的洪水发生在长时间的暴雨之后，因为浸满水的土地已不能再吸收更多的水分。

世界各地的洪水

2010年，洪水在世界各地都造成了灾难。许多人被滂沱大雨或汹涌的洪水淹死，还有一些人因山体滑坡或泥石流吞没家园而丧生。这一年中，最严重的洪水发生在巴基斯坦，季风强降水席卷了这个国家约1/5的地区（详见68~69页）。

葡萄牙
2010年2月，剧烈的风暴给葡属马德拉群岛的首府丰沙尔带来了滂沱大雨，瞬间形成了一次庞大的洪水，超过40人死于此次洪灾。

美国
2010年6月，大雨导致美国内布拉斯加州93个县中的60个县洪水泛滥，包括普拉特河流入密苏里州的那些区域。普拉特河和密苏里河因而决堤，洪水席卷了方圆几千米的土地，淹没了许多房屋和农场，造成了约1,400万美元的损失。

哥伦比亚
在一个异常潮湿的夏季，猛烈的降雨使这个国家70%的地区被巨大的风暴遮盖。大约300人因此丧生，220万人无家可归。

欧洲中部
滂沱大雨造成欧洲中部洪水肆虐，至少11人死亡。

法国
法国东南部瓦尔省的局地强降水导致大洪水，超过25人死亡。

北美洲

内布拉斯加州
田纳西州

马德拉群岛

欧

非洲

美国
强降水给美国田纳西州1/3的地区带来了洪水，超过20人死亡，造成约23亿美元的损失。

哥伦比亚

南美洲

巴西

暴雨：巴西里约热内卢市

超过220人死亡
15,000人无家可归

河流洪水

人类已经在河流或海岸线附近的低洼地居住了几千年。这些土地通常都很富饶肥沃，但人类也要为此付出代价。几天或几星期的降雨会使河水或湖水泛滥，汹涌的水流可以轻易地席卷道路、桥梁和房屋。

狂暴的"母亲河"：
黄河被称为中国的"母亲河"，但它经常泛滥成灾。

1931年，中国江淮流域水灾

预防洪水

洪水带来了如此多的灾难,所以政府花了很多时间和金钱来预防和控制洪水。紧急警报为人们提供了及时撤离的时间。修建大坝可以控制洪水,让洪水在可控制的范围内排放,防止洪水泛滥,保障人们的生命安全。

三峡大坝
三峡大坝可以调节中国长江的水流,使低洼的地方不再洪水泛滥。

哈萨克斯坦
2010年3月,暴雨和早期融雪造成哈萨克斯坦克孜勒阿加什水库堤坝决堤,形成高达2米的巨大水流。来自水库的洪水毁坏了家园,造成40多人死亡。

亚洲

哈萨克斯坦

中国

季风降水后期的大洪水:泰国
250多人死亡

泰国

乌干达

大洋洲

破纪录的降雨:
澳大利亚加斯科因河
造成约1亿澳元的损失

澳大利亚

中国
长达几个月的强降水造成中国23个省市的大部分河流洪水泛滥,其中包括中国西南部的贵州省。全国总共有大约700人死于洪水和洪水造成的泥石流。

1. 强降水降到已经被水浸透的土地上。

2.水流从山坡上倾泻下来。

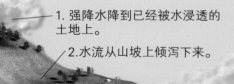

河水如何泛滥
当土地被水浸透后,雨水就在土地表面流走而不被土壤吸收,在平坦的地面上形成洪水,或者流入河流和湖泊中,直到水漫出来。

3.河水水位迅速上涨,在山谷里形成洪水。

乌干达
2010年3月,乌干达东部布杜达的山区遭遇了连续7个小时的强降雨。大雨造成了严重的泥石流,冲垮了房屋和学校,造成100多人死亡。

造成数百万人死亡,上千万人无家可归。

被洪水围困

2010年，巴基斯坦的一名男子与他的牲口被季风性洪水围困。图中，他正在向救援直升机挥手。尽管他被水包围着，但他最迫切的需要之一是清洁的饮用水，因为充满泥浆的洪水被污染了，不能饮用。

季风性洪水 [不断上升的水位]

季风气候的地区，例如南亚和西非，在漫长而干燥的旱季之后，是几个月的暴雨。雨水对农作物的生长十分重要，但是如果过量的雨水导致河水漫出堤岸，淹没了村庄和城镇，雨水就变成了灾难。

一条人链
2010年，印度克格尔河决堤之后，当地军人在解救被洪水围困的2名妇女。

目击者

姓名：	阿拉木泽巴
时间：	2010年8月
地点：	巴基斯坦

事件详情：在巴基斯坦的瑙谢拉，阿拉木泽巴和他的家人们被季风性洪水围困。

❝ 我们从来没想过水位会升得这么高。我正准备离开位于瑙谢拉军营地区的姑姑家。当水从河里溢出来时，我开始担心。我的亲戚们说等到退潮就好了，但是河水在不断地升高，很快部分城市就被淹没了。我妈妈在这场洪灾中死了。她岁数很大，又有糖尿病，没办法爬到3楼避开洪水。我只有12岁的弟弟曾试图把她拉上去，但他失败了。我们没能找到她的尸体。我弟弟因此受到了很大的精神创伤。❞

季风是如何运作的

夏季风掠过温暖的海水，吹向大陆，风为大陆带来了潮湿的水汽。这些潮湿的水汽以雨的形式降到陆地上。约6个月之后，干燥的冬季风则变为了相反的风向。

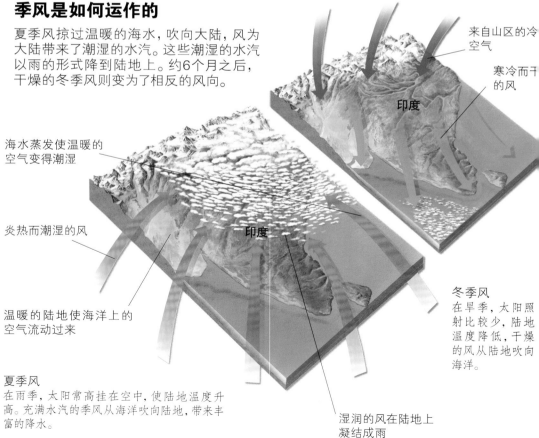

来自山区的冷空气

寒冷而干的风

印度

海水蒸发使温暖的空气变得潮湿

炎热而潮湿的风

印度

温暖的陆地使海洋上的空气流动过来

湿润的风在陆地上凝结成雨

夏季风
在雨季，太阳常高挂在空中，使陆地温度升高。充满水汽的季风从海洋吹向陆地，带来丰富的降水。

冬季风
在旱季，太阳照射比较少，陆地温度降低，干燥的风从陆地吹向海洋。

更多信息
图示含义详见112页

厄尔尼诺 拉尼娜
北美季风
西非季风
西南季风
澳洲顶端地带季风

《季风与水》
张家诚/著

蒸发：从液态到气态的变化。

潮湿：含有比正常状态下较多的水分。

季风：随着季节的变化而改变风向的风。

亚洲的季风

在夏季潮湿的几个月中，河流常常决堤，排水系统也常常瘫痪，洪水淹没了街道和房屋。一般来说，南亚和东南亚地区拥有世界上最强烈的季风。

2009年，菲律宾
居民们携带充气轮胎，以防止过河时被湍急的水流冲倒。

2011年，泰国
在一场多年不遇的严重洪水之后，一架飞机浸泡在已是汪洋的曼谷的廊曼机场。

2011年，中国
四川省达州市的居民楼被洪水淹没，这次洪灾紧急疏散群众约65.61万人。

320厘米：2010年7月，印度乞拉朋齐的降雨使这里变成世界上最潮湿的地方。

海啸 [巨浪]

大部分波浪在风掠过海洋表面时形成。海啸通常是更大、更危险的波浪。这些巨浪一般由海底的地震引起。

海啸是如何形成的

海床下的地震使海底的岩石震动，这种震动推动了一股巨大的水流上升，以波浪的形式向各个方向伸展。这些波浪能以相当于客机那么快的速度在开阔的海面上奔腾。

海啸神话

在日本的传说中，有一条叫沼津的大鲶鱼生活在海底的泥浆里，由鹿岛神看守。如果鹿岛神不小心让沼津移动，它就会在水里翻腾，造成地震和海啸。

神奈川冲浪图
日本画家葛饰北斋（1760—1849）因这幅以富士山为背景的巨浪图而闻名于世。

 0秒

1 海底变化
两个相邻的板块在地震中发生位移（详见48页）。一个板块向上倾斜，在表面形成一道短暂的水岭。

 20秒

2 海啸开始
由于地球引力的作用，这道水岭崩落，形成一系列的波浪。波浪向外扩散，就像把小石子扔进池塘所形成的涟漪。

 30分钟

3 跨越海洋
海水越深，海啸传播的速度越快。在深而辽阔的海洋中，波浪的速度可以达到约800千米/时。

水岭
水岭尽管不高，但可以超过1,000千米长。

海洋里的波浪
在辽阔的海面，波浪的高度较低，并且向四周尽量扩散。

波浪的能量
波浪的能量从海面一直传到海底。

DART警报浮标

海床上的地震仪

地震震中

地震震源

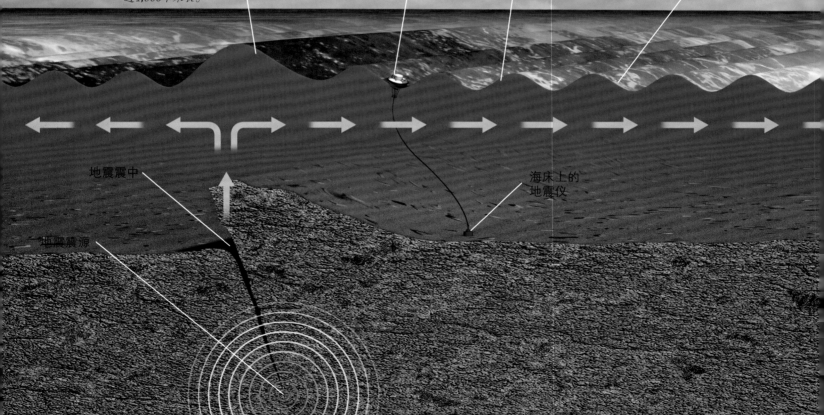

520米：

世界上海啸中最高的波浪出现于
1958年美国阿肯色州利图亚湾，
其高度是法国埃菲尔铁塔的1.6倍。

预防海啸

2004年发生的印度洋海啸（详见74~75页）造成了惨重的伤亡，因为当时那里没有建立警报系统。在那之后，有关部门布设了一个地震监测网，安装了许多地震监测器，这些监测器向浮标发送信号，人造通信卫星收集信号并向人们发布警报。

DART（海啸深海评估与报告）警报系统
每一个DART站由一个地震仪和一个浮标组成（详见上图）。DART站通过感应海床的震动，可以在海啸到来之前几小时发布警报。

40分钟

4 接近海岸
这些波浪在经过岸边比较浅的水面时速度减慢。同时，波浪也变高了，可以达到在开阔海面上的30倍那么高。

50分钟

5 抵达岸边
在每一道波浪消退前，海面向后退了1千米，然后水向前汹涌流动，形成高耸的水墙。

海岸边的波浪
波浪聚集在一起，较浅的海床使它们的速度减慢。

撤退的海水

下降的波浪

向内陆蔓延
当海啸抵达陆地时，它与普通的波浪表现得完全不同。普通的波浪在海岸上消散和撤退，海啸却会继续前进，疯狂地涌上岸，肆虐很长时间，直到它的能量耗尽才会渐渐平息下来。

海啸时间轴 [印度洋]

2004年12月26日，印度洋海底发生了一次事先毫无征兆的9.1级地震。这次地震引发了一系列毁灭性的海啸。

> "我惊愕地看见无数的渔船飞到了浪尖上，这些渔船在海面上漂来荡去，好像是用纸做的一样。"
>
> ——P.罗摩纳穆提，印度安得拉邦

传播
这张地图表明了海啸最开始是如何在地震的震中上方形成的，以及它用了多长时间在印度洋上传播开来。

+2小时
袭击印度
在印度东南沿海，波浪涌入内陆之前，海面后退了1千米。海滩上的度假村和渔村被淹没在水下，将近10,000人丧生。

钦奈海滩

+4小时
马尔代夫被淹没
平坦而低洼的马尔代夫对于波浪几乎没有任何天然的抵抗力。首都马累被洪水淹没，大约80人丧生。

+4小时　+3小时

+2小时30分钟
斯里兰卡的火车被卷走
高约6米的巨浪淹没了斯里兰卡海岸，伤亡人数达到35,000人。在这个岛屿的西南海岸，海啸袭击了一辆载满乘客的火车，造成1,700人丧生。这是这个国家有史以来最严重的一次火车事故。

扭曲变形的火车轨道

+8小时　+7小时

+7小时30分钟
巨浪袭击索马里
第一次海啸在穿越了4,500千米的开阔海域后，抵达了非洲索马里的海岸。尽管波浪的强度减弱了，但它们仍然冲垮了海边的村庄，导致200多人丧生，毁坏了许多船只和房屋。在南部，肯尼亚的海岸由于有珊瑚礁保护，只有1人被淹死。

上午7:58

地震开始

压抑已久的能量突然在很深的海床上释放了。这次地震持续了10分钟，剧烈摇晃着震中正上方数万亿吨的水，并且在海底形成了一条1,600千米的裂缝。

+15分钟

第一个波浪

大地停止摇晃后仅5分钟，第一个巨浪（10米高）就猛烈地撞击了印度尼西亚苏门答腊岛北部的班达群岛。巨浪摧毁了房屋，导致大约130,000人丧生。

被淹没的低洼地区

+1小时

+2小时

巨浪抵达泰国

在两小时内，5米高的巨浪就抵达了泰国西部海岸。大约有5,000名当地人和游客死伤。有些人被卷到海里淹死，还有一些人被水的力量或卷在波浪里的物体压死。

海啸袭击普吉岛

浪高

在开阔的海面上，海浪只有大约50厘米高，当进入较浅的海岸边水域时，浪高可以涨到5米~10米。

10米
8米
6米
4米
2米

芭东海滩
这两张照片展示了普吉岛芭东海滩在被海啸袭击之前（左）和之后（右）的不同景象。

海洋入侵

2011年3月，灾难袭击了日本，一次海底地震引发了一系列的海啸。巨浪击碎防洪堤坝后，向内陆推进了10千米。波浪每次撤退的时候，都会卷起几百万吨碎片，超过19,800人因此丧生。

更多信息

图示含义详见112页

振幅　后退
疯狗浪　潮汐波
波长

《海啸》
［英］路易斯·斯皮尔伯利/著

《火山 海啸 洪灾》
［英］罗伯·肖恩/著

如果你在可能被海啸影响的沿海地区生活，请关注海啸警报并牢记到达最近高地的路线。

* 人类活动怎样造成灾难？

* 什么是全球变暖？

* 哪种昆虫会传播致命的疾病？

人类怎样
造成灾难

人类造成的灾难 [与人类的联系]

每年，人类都会在世界各地造成灾难，如野火、海洋污染和全球变暖，其中全球变暖可能是有史以来人类造成的最大灾难。

我们这个问题不断的世界

在这颗拥挤的星球上，人类活动引起的灾难达到了前所未有的规模。我们在每一块大陆上破坏自然环境，使其他物种的生存变得艰难。有些人类活动引起的灾难是突然爆发的，但大部分是几个月或几年时间逐渐累积成的。

野火

有些地区的野火属于自然现象。当人们居住在容易遭受野火的地区时，问题就产生了，例如美国加利福尼亚州树木繁茂的山区。人类活动可能引起火灾，有一些可能是无意的，但也有一些可能是蓄意纵火（详见82~83页）。

污染

污染物是在我们制造、使用和丢弃物品的过程中产生的废弃物。重大的污染灾害有可能是无意间发生的。1990年墨西哥湾的这艘油轮失火，导致原油泄漏到海里。

森林砍伐

几千年来，人们为了清理出土地耕种而砍伐树木。现在，连亚马孙热带雨林也不能幸免。森林砍伐减少了二氧化碳的吸收，是全球变暖的原因之一（详见86~89页）。

北美洲

欧

意大利

加利福尼亚州

墨西哥湾

埃特纳火山

亚马孙热带雨林

南美洲

9,500个足球场
亚马孙热带雨林每天被砍伐的面积

生活在灾区

每一年似乎都有很多自然灾害，部分原因是全球关于自然灾害的新闻报道越来越多。但是，我们持续增长的人口也意味着生活在危险地区的人越来越多。这也就是说，如果发生一次自然灾害，例如火山爆发或地震，更多的人会面临危险。

5亿：
生活在活火山附近的人数

环境灾难

这艘生锈的拖网渔船停在咸海干涸的湖床上，咸海曾经是中亚地区一个巨大的湖。引水灌溉使得咸海的面积减少了约90%，咸海里的野生动植物也因此大量死亡。

沙漠化

在中国甘肃省，过度耕种导致地下水的供应减少，造成土地干旱，农田退化成沙漠。沙漠化和干旱可能会导致饥荒。

亚洲

咸海

中国

孟加拉国

人类已经破坏了地球上50%的沿海湿地。

印度尼西亚

大洋洲

海岸洪水

在孟加拉国被洪水淹没的纳拉扬甘杰港，人们正在排队等待救援。暴风雨导致的海岸洪水在沿海地区变得越来越频繁，因为城镇开发使自然"缓冲器"，比如湿地和红树林，遭到了破坏。

住在埃特纳火山附近
人类在意大利西西里岛的活火山——埃特纳火山的山坡上生活了几千年，因为这里有富饶肥沃的土地。

泥火山

这名男子正试图抢救他家中的财产，他的家被厚重而有毒的泥流淹没了。一队工程师在印度尼西亚的诗都阿佐钻探天然气时不小心触发了一座泥火山，泥浆从地底下渗出来。大约30,000人因此失去了他们的家园。

10亿： 全世界被沙漠化影响的人数

野火 [全都着火了]

野火可以席卷草原或森林，并迅速蔓延开来，给被野火围困的人带来灾难。野火在天气炎热、植被干枯的时候蔓延得更快。

点燃野火

大多数野火是由闪电引起的。有时候，当人们为了耕种而用火清理土地时，也会因火势失去控制而引起野火。还有一些野火是由于人们的疏忽引起的，比如一颗被丢弃的烟头。

火灾三要素
野火通常需要氧气、燃料和火源才能燃烧。

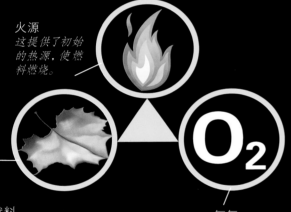

火源
这提供了初始的热源，使燃料燃烧。

O₂

燃料
燃料包括木头、草、灌木和泥炭（腐烂的植物形成的土壤）等。

氧气
氧气与燃料发生反应，释放出大量的热。

火灾是如何蔓延的

如果有大量的燃料供给，并且天气炎热多风的话，野火就会迅速蔓延。因为热空气会上升，而风通常是向山上吹的，所以火势会沿着山坡向上蔓延。

燃料供给

天气

土地类型

煽动火焰

火灾是干燥的森林和灌木丛的一种自然属性，有些植物甚至依赖热散播它们的种子。然而，火灾数量目前在逐步上升。约3/4的野火是由人类引起的。每年仅在美国就会发生超过100,000次野火。

烧焦的
种子锥体

火焰中幸存
这棵澳大利亚山龙眼已经适应了承受周期性的自然野火，只有当被烧焦时，它的种子才会释放出来。

目击者

姓名：不详
时间：2009年2月7日
地点：澳大利亚维多利亚州沃兰代特
事件详情：这名目击者是北沃兰代特灭火战斗队1364的一名队员，他参与了扑灭"黑色星期六"大火的行动。

" 我们试图阻止大火越过公路，但这是不可能的，因为当时风速高达100千米/时，气温约48℃。大火席卷了整个森林，毁坏了房屋，被困在屋内的人都不幸遇难了。"

致命的野火

在过去的150年里，野火造成了一系列严重的灾难。大部分野火毁坏了森林，有些野火甚至破坏了城镇。过去的建筑物通常为木质结构，又缺乏消防措施，有时一场大火能使几百人丧生。

1871年

美国
10月8日，野火蔓延到伊利诺伊州的芝加哥。在这场大火中，90,000人失去了他们的家园。

大火中的芝加哥
强劲的风把正在燃烧的灰烬吹到市中心，使火势蔓延

超级直升机
这架加拿大CL-215型直升机可以装载湖泊和水库中的水，再将水浇到野火上。它一次可装载约5,000升的水。

扑灭大火

消防员通常用不同的方法控制火灾。特制的飞机可以降下水和阻燃剂。空降灭火员可以跳伞到大火即将蔓延到的地区清理树木，阻断大火的燃料来源。

空降灭火员
1945年，在美国俄勒冈州的一场大火中，一名空降灭火员正准备跳伞。

紧急撤离
2009年2月，在澳大利亚的"黑色星期六"大火中，一辆消防车因为受到大火的威胁而紧急撤离。这场位于本耶普州立公园的大火是当天发生的几百场大火之一。

1936年	1949年	1987年	2007年	2009年
苏联 为伐木工人建造的科莎2号居民点毁于一场野火，大约1,200人葬身火海。	**法国** 法国西南部郎德森林的一场野火使80名消防队员丧生，并且毁坏了大约500平方千米的树木。	**中国** 黑龙江省大兴安岭森林大火烧毁了黑龙江沿岸约7万平方千米的森林。	**希腊** 由炎热的天气和干旱引起的森林火灾席卷了希腊多地，80余人因此丧生。	**澳大利亚** 在维多利亚州，"黑色星期六"大火导致173人死亡，400多人受伤。这是该州历史上最严重的一场火灾。

干旱

对于这些肯尼亚北部的图尔卡纳妇女来说，一场干旱意味着许多额外的劳动。为了打水，她们必须爬进位于干涸河床上的一口深井里，井中的台阶是用手挖成的。干旱是自然事件，和其他许多灾难不同，干旱可以持续很多年。在气候干燥的地区（比如肯尼亚北部），人们已经习惯水资源短缺。尽管如此，长期的干旱也会使生活变得很艰难。干燥且满是尘土的大地无法饲养牲畜或耕种农作物，其结果就导致了更大的灾难——饥荒。

全球变暖 [原因]

也许你看不到也感受不到全球气候的变化，但它正在悄悄改变。我们焚烧化石燃料，产生二氧化碳等温室气体，使地球变得越来越暖和，这种变化可能会给人类和其他生物带来灾难。

长期的破坏

全球变暖是因为我们向大气中排放二氧化碳等温室气体。这些气体是在我们焚烧煤和石油等化石燃料时释放出来的。二氧化碳一旦被释放到大气中，就可以在大气中存在100多年。

温室气体

工厂
二氧化碳（CO_2）

在大气中的数量：	每100万个大气分子中约有380个二氧化碳分子
增长量：	比1750年增长了约38%
来源：	燃烧化石燃料

牲畜
甲烷（CH_4）

在大气中的数量：	每100万个大气分子中约有少于2个甲烷分子
增长量：	比1750年增长了约148%
来源：	燃烧化石燃料、废弃物分解、牲畜

汽车尾气
一氧化二氮（N_2O）

在大气中的数量：	每10亿个大气分子中约有300个一氧化二氮分子
增长量：	比1750年增长了约20%
来源：	燃烧化石燃料、汽车尾气、农作物施肥

气雾剂
含氢氯氟烃（HCFCs）

在大气中的数量：	每10亿个大气分子中约有少于10个含氢氯氟烃分子
增长量：	在20世纪以前不存在
来源：	制冷剂、冷却液、气雾剂

火力发电站
现代化的生活使我们的家庭和工厂需要更多的能源。火力发电站通过焚烧化石燃料来产生电力，同时释放二氧化碳。

温室效应

地球由于温室效应而保持温度，这是因为温室气体能吸收地面反射的太阳辐射。如果大气层没有这种自然属性，我们这颗星球上的某些区域就会被冻结。然而，这个效应因为大气中温室气体的增加而增强了。

这是如何运作的
温室气体吸收来自太阳的能量。温室气体越多，地球的温度就越高。

1.太阳能
能量从太阳抵达地球的大气层。有些能量被反射了，但是大部分能量穿过大气层到达地面。

2.来自地球的热能
地球表面把能量反射回太空中。

3.吸收的热能
有一些反射的能量被大气层中的温室气体吸收了。

太阳　地球

碳的排放

我们购买或使用的任何东西都有一个碳足迹，这是指在生产、运输和使用该物品的过程中产生的二氧化碳的量。进行大型工业化生产的国家会比相对贫穷的国家排放更多的碳，这是因为工业化生产需要更多的能源。

前10名
根据美国橡树岭国家实验室的数据，2011年，碳排放排名前10的国家集中在北半球。中国位列第一，其次是美国和印度。

1	中国 约83.2亿吨	2	美国 约56.1亿吨
3	印度 约16.95亿吨	4	俄罗斯 约16.33亿吨
5	日本 约11.64亿吨	6	德国 约7.93亿吨
7	韩国 约5.78亿吨	8	伊朗 约5.6亿吨
9	加拿大 约5.48亿吨	10	英国 约5.32亿吨

棉T恤衫：
约2千克

牛仔裤：
约7千克

运动鞋：
约15千克

MP3播放器：
约15千克

碳足迹
你购买或使用的衣服、电子产品等东西越多，你的碳足迹就会越大。

第2代智能手机：
约55千克

第4代智能手机：
约70千克

笔记本电脑：
约410千克

CO_2e（单位为千克）*　　68　　90　　453

*CO_2e表示二氧化碳当量——所有温室气体总的释放量用二氧化碳当量来表示。

越来越暖 [影响全球]

想象一下，如果你的家消失在海浪下面，你会是什么感受？这是地球持续变暖后，有些海岛国家将要面临的问题。海平面上升仅仅是全球气候变暖的效应之一，其他效应尚未显现。地球变得越暖，灾难就会越多。

正在消失的世界

在未来的几十年中，海平面的上升有可能会让世界上地势低的岛屿变得无法居住。这些岛屿的陆地面积会缩小，暴风雨的袭击次数会变多，使岛上淡水资源缺乏。

目击者

姓名：詹姆士·宾
时间：2012年
地点：密克罗尼西亚联邦，马绍尔群岛
事件详情：詹姆士·宾，马绍尔群岛的居民，回忆他的家乡。

" 我在马绍尔群岛上住了20年，亲眼见证了岛上的气候变化。岛屿变得越来越小，陆地和土壤被海水慢慢冲刷走。我记得，几年前季节性王潮不会造成太大的问题，但现在不一样了，水会漫过街道和房屋。"

危险之中的岛屿
地处太平洋的密克罗尼西亚联邦是一个拥有几千个低洼小岛的国家。图中的基里巴斯拥有30多个小岛，而所有的这些岛都不超过高潮线2米高。

全球效应

自20世纪80年代以来，科学家们一直在研究全球变暖的灾难性效应，影响范围从小礁石上的生态系统到整个大陆。虽然有些人会质疑全球变暖是否正在发生，或这是否是由人类造成的，但大部分科学家相信，我们的身边充满了全球变暖的证据。

融化的冰川
世界上的许多高山冰川和冰盖正在逐渐融化并减少。融化的冰水最终会流到海洋里，使海平面上升。

正在死亡的珊瑚礁
珊瑚不能在太热或二氧化碳含量太高的水中生存。在一些热带地区，珊瑚正在白化和死亡。

物种灭绝
气候变化对动物来说非常危险，例如，许多两栖动物由于全球变暖和疾病逐渐灭绝了。

如果地球变暖

如果地球的平均温度持续上升，那些已经发生的灾难将会加剧。温度仅仅升高几摄氏度，就有可能让我们陷入一场大灾难之中。

温度上升4℃~5℃

· 毁灭性的野火或风暴；
· 更多二氧化碳溶解于海水中导致的海洋酸化加速海洋生物的灭绝；
· 动植物的广泛灭绝。

温度上升3℃~4℃

· 大面积的森林被野火烧毁；
· 人类必须撤离低洼的海岸地区；
· 鱼类种群数量下降；
· 人类患病的可能性增加，因为传播疾病的昆虫（比如蚊子）的生存区域会变大；
· 许多地区的粮食产量不足。

温度上升2℃~3℃

· 由于更多的冰川融化，海平面上升速度加快；
· 珊瑚礁大面积死亡；
· 变化的洋流开始影响全球气候；
· 由于海岸被淹没，几百万人需要搬迁。

温度上升1℃~2℃

· 高达30%的物种有灭绝的危险；
· 大多数珊瑚白化，珊瑚礁开始死亡；
· 几百万人需要忍受水资源短缺；
· 有些区域的粮食产量不足；
· 毁灭性的洪水和风暴。

温度上升0℃~1℃

· 海平面以每年4毫米的速度上升；
· 有发生野火、洪水和风暴的危险；
· 中纬度地区干旱频发；
· 热带地区降雨更多。

温度图
这张图中的预测来自政府间气候变化专门委员会（IPCC）。

碳排放

我们的地球变暖程度取决于很多因素，其中包括各个国家是否降低碳排放量，以及他们采取行动的速度。

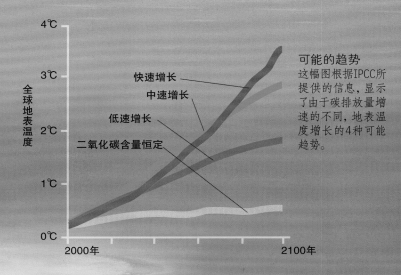

快速增长
中速增长
低速增长
二氧化碳含量恒定

全球地表温度

2000年　　　　　2100年

可能的趋势
这幅图根据IPCC所提供的信息，显示了由于碳排放量增速的不同，地表温度增长的4种可能趋势。

海岸线被淹没

如果地球的平均海平面持续上升，更多的海岸线就会被淹没。预计到2100年，全球海平面将会上升约1米，这可能导致几百万人被迫搬迁。

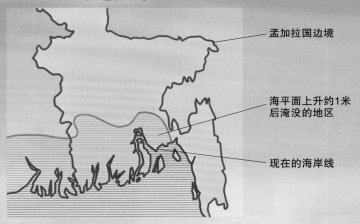

孟加拉国边境

海平面上升约1米后淹没的地区

现在的海岸线

2100年的孟加拉国
海平面上升将会严重影响东南亚地势低洼的孟加拉国——世界上最贫穷的国家之一。

2100年，孟加拉国：

1,700万人受到影响，国土面积的20%在水下。

应对全球变暖 [环保]

全球变暖是无法被阻止的，因为它已经发生了。但是，我们可以通过改变生活方式来预防一场失去控制的灾难。

减少温室气体

世界上的许多国家已经设立了减少二氧化碳排放的目标。这一章中展示了5个主要的目标。其中，回收生活垃圾和使用可再生能源是每个人都可以做到的。

风力涡轮机
一个标准的风力涡轮机每年可以生产500万千瓦时的电，这足够1,000个家庭使用1年。

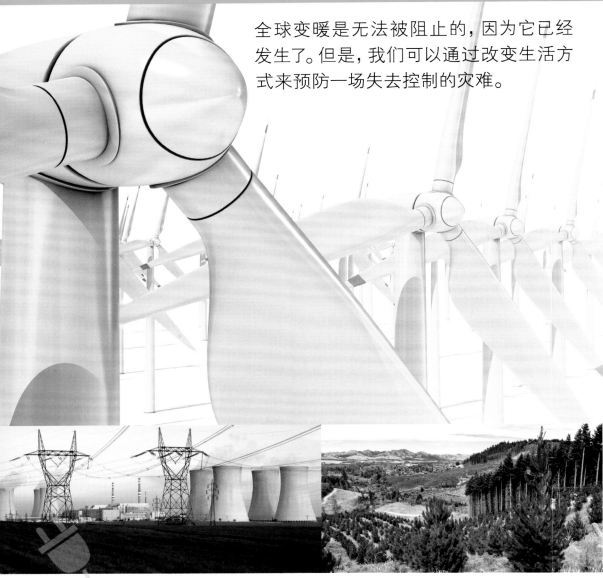

1 可再生能源
核能可以用来发电，并且不排放碳。但是，核能也是有争议的，因为它存在核泄漏的风险。

2 造林
植树造林可以从大气中去除一部分二氧化碳，因为树木生长时可以使用并储存碳。只要树木还存活，这些碳就能被固定在树木里。

汽车的碳排放量：*

燃气	油电混合	全电动
约**24.53**	约**16.06**	约**15.22**
千克/100千米	千克/100千米	千克/100千米

*包括燃料生产、加工、运输和使用过程中所有的碳排放量。

3 智能电表
电表可以监视和调节工厂、办公室和家庭的能源使用情况，把能源消耗维持在最低限度。

碳的捕获和储存

一些国家正在研究一些可以减少二氧化碳排放的紧急措施，其中一个想法是在碳被排放进大气之前就把它捕获和储存起来。一般来说，碳可以被储存在海床下面的岩石里。

它是如何工作的
二氧化碳被泵入地下并储存起来，而不是被释放到大气中。

1.捕获
在燃烧化石燃料的发电厂，二氧化碳被捕获。

2.收集
压缩后的二氧化碳被泵入海上的天然气钻井平台。

3.填埋
一旦沙石之间的细小孔隙里储存的天然气被抽取出来，那么二氧化碳就会被抽入。

4.储存
二氧化碳可以被储存几百万年。

4
农业
生物燃料作物，比如玉米和甘蔗，可以用来发动汽车。它们可以取代汽油、柴油等化石燃料。

5
来自废弃物的能源
我们可以燃烧不可回收废弃物以产生能源，这有助于减少化石燃料的消耗及丢弃废弃物的数量。

回收利用

回收利用不仅可以减少垃圾，也可以减少你的碳足迹。使用回收材料制造物品跟使用原始材料相比大大减少了能源的消耗。下图展示了节约能源的百分比。

易拉罐
95%

纸
40%

塑料饮料瓶
30%

更多信息

图示含义详见112页

碳足迹
京都议定书　水电站
可再生能源
碳中和　政府间气候变化专门委员会
地热能

《全球变暖生存手册——77个阻止全球变暖的方法》
［英］大卫·德·罗斯切尔德/著

《城市·人·星球：城市发展与气候变化》
［英］赫伯特·吉拉尔德特/著

你可以参观位于美国康涅狄格州哈特福德市的垃圾博物馆，学习纸张、玻璃和罐头瓶是如何被回收的，并且发现更新更环保的处理垃圾的方法。

当你不使用电子产品时，及时关掉它们。

你可以在觉得冷时多穿一件衣服，而不是打开暖气或空调。

减少你家里的生活垃圾，把纸张、玻璃和塑料整理好，使它们可循环使用。

建立一个堆肥箱，回收食物垃圾。

走路或骑自行车出行，尽量不开车。

不堪重负的地球

夜晚，从太空中观察，地球成为一张闪亮的灯光网。这展示了人类在地球表面上的分布，在一些大城市，人口尤为密集。每分钟约有250个婴儿诞生，世界人口每年增长将近7,400万人。我们每一个人都使用能源，这给地球上日趋减少的自然资源施加了越来越大的压力，并且导致了全球气候变暖（详见86~87页）。

联合国宣布2011年10月31日为

70亿人口日:

这一天地球上的人口达到了70亿人。

瘟疫 [致命的疾病]

传染病的全球性爆发给人类带来灾难。有些传染病，比如流行性感冒和霍乱，会在全球范围内爆发，每年能影响到几百万人。

16世纪
麻疹

在世界上的许多地方，麻疹都很常见，而且人们对麻疹已经有了抵抗力。但是，在欧洲人抵达美洲之前，美洲是没有麻疹的。欧洲人带来了麻疹、天花和流行性腮腺炎，引发了灾难性的流行病，印加帝国和阿兹特克帝国有超过1,000万人因此死亡。

阿兹特克人关于麻疹病人的图画

公元前800年
早期的瘟疫

瘟疫护身符

这件亚述人的护身符，或者说幸运小饰品，可以追溯到公元前800年至公元前612年。这件护身符是用来保佑它的主人免受瘟疫之害的。"瘟疫"一词最初的意思是，任何使大量人口死亡的传染性疾病。

165—180年
安东尼瘟疫可能是由天花或麻疹引起的。这场瘟疫导致罗马一天内约有2,000人死亡，最终的死亡人数约500万人。

1096年
斑疹伤寒通常由虱子传播，十字军东征期间出现在欧洲。斑疹伤寒，有时候又叫作集中营热。

十字军骑士

1492年
一些致命的疾病，比如天花和麻疹，从欧洲传入美国。

公元前800年 · 1100年 · 1300年 · 1500年

公元前430年
雅典大瘟疫可能是伤寒的大爆发，在古希腊流行了4年多。

541年
查士丁尼瘟疫是一次大规模爆发的鼠疫。这场瘟疫在欧洲造成了约2,500万人死亡。

1580年
欧洲第一次有记录的流行性感冒是从亚洲传播来的，途经非洲。

长着跳蚤的黑鼠

14世纪中期
黑死病

1346—1355年，
欧洲50%
的人口死于瘟疫。

黑死病是一场大规模爆发的鼠疫，于1346年10月进入欧洲，有可能来自亚洲东部。鼠疫由老鼠身上的跳蚤和身体接触传播，通常会引起疼痛肿胀，即淋巴腺炎。当时，尚没有有效的方法治疗鼠疫。感染鼠疫的人常常被锁在家里，听天由命。

《托根伯格圣经》中关于黑死病的插图
（1411年）

17世纪
斑疹伤寒

这种致命的疾病会在拥挤肮脏的环境里疯狂地蔓延，比如监狱和战争时期的军营里。从17世纪到20世纪，这种疾病在欧洲造成了几百万人死亡。第一支斑疹伤寒疫苗在1937年被发明。

17世纪，约1/3感染斑疹伤寒的人死亡了。

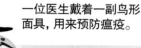

一位医生戴着一副鸟形面具，用来预防瘟疫。

死神带来霍乱的画作

1816年
霍乱

霍乱通常由受污染的水和食物传播。第一场霍乱于1816年席卷了南亚，导致几十万人死亡。后来，又发生了约6次霍乱。第一支霍乱疫苗在19世纪末期被发明。

1918年
西班牙型流行性感冒

1918年至1919年的西班牙型流行性感冒在全世界导致5,000万人死亡，比第一次世界大战造成的死亡人数还要多。第一支流感疫苗于1945年被发明。

西班牙型流行性感冒导致5,000万人死亡，全世界25%的人口受到感染。

临时医院里的病人们

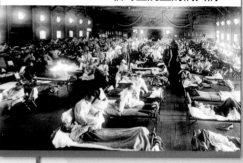

1793年
黄热病席卷了美国宾夕法尼亚州的费城，导致该市10%的人口死亡。

1897年
第一支鼠疫疫苗被发明。

•1700年

•1900年

1665年
伦敦大瘟疫是一次大规模爆发的淋巴腺鼠疫，导致至少10万人死亡，大街小巷空无一人。

1956—1958年
禽流感在全球范围内爆发，导致约400万人死亡。

1963年
第一支麻疹疫苗被发明。

现在
目前，世界上最大的致命疾病是呼吸系统感染，例如流行性感冒。

1764年
天花

1764年，英国医生爱德华·詹纳成功研制出一种天花疫苗。天花是世界上最致命的疾病之一。几个世纪以来，天花每年都要导致许多人死亡或毁容。1958年，一项世界性的疫苗接种项目展开了，天花被有效地预防了，最后一例天花记载于1977年。

1981年
艾滋病

艾滋病于1981年首先在美国被发现，之后这种人类免疫缺陷病毒（HIV）传播到了世界各地。艾滋病已经导致约3,000万人死亡。受艾滋病影响最严重的国家是南非，每年约有30多万人感染。

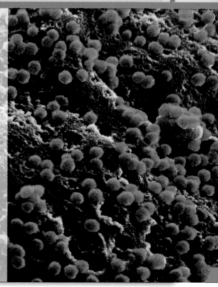

一个人类淋巴细胞上的艾滋病毒颗粒的放大图

微型杀手

一只雌性疟蚊准备吃人血大餐的情景被放大了100倍。它吸血的量非常少,但是当它吸血的时候,会将引起疟疾的寄生虫一并吸入。当这只蚊子叮咬下一名受害者时,疟疾就被传播出去了。

疟疾

疟疾是一种自然疾病，同时也是一种人类疾病。几千年来，疟疾是死亡率最高的传染性疾病之一。由蚊子传播的寄生虫会在人类的肝脏和血液中不断繁殖，引起严重的头痛、肝损伤和可能致死的发热。2010年，90%多由疟疾引起的死亡发生在非洲，因为那里的人和疟蚊常常居住在一起。全世界，约每分钟就有一名儿童死于疟疾。

疟疾的传播
疟蚊通常生活在温暖的热带地区。这幅地图展示了在2010年疟疾的影响范围。2010年，全世界大约有66.5万人死于疟疾。

预防疟疾

蚊子常在不流动的积水中产卵，所以排干池塘和沟渠里的水可以使它们难以生存。使用蚊帐可以防止被咬，因为蚊子不能从蚊帐的小孔中飞进来。如果再使用杀虫剂处理一下蚊帐，试图飞进来的蚊子就会死亡。

昂贵的蚊帐
药品、杀虫剂，甚至蚊帐对于有些疟疾泛滥的地区来说，都是昂贵的物品。研究新药和疫苗也迫切需要资金投入。

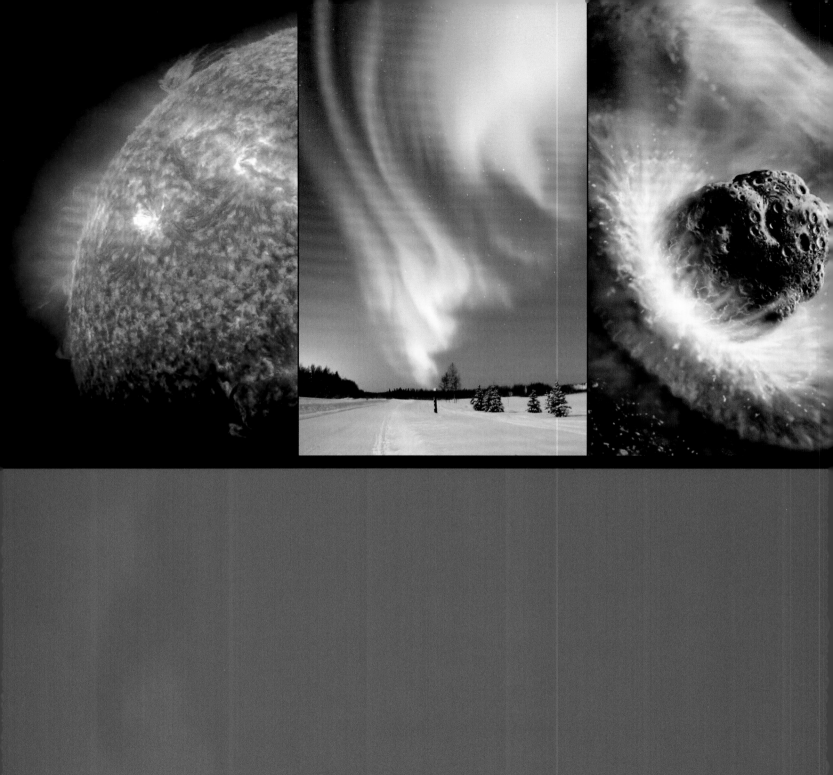

* 太阳什么时候会毁灭我们的星球？
* 太阳风暴如何影响我们的日常生活？
* 什么是小行星撞击？

来自太空的威胁

大约6,500万年以前，一颗巨大的小行星穿过大气层，猛烈地撞击了地球。恐龙和其他许多动物由于大火肆虐和空气中弥漫的碎屑而灭绝了。这是一场全球性的灾难，并且有可能再次发生。

月球上的环形山

在地球上，小行星撞击坑会逐渐被磨灭，只留下少数痕迹。但月球上因为没有空气，所以它上面由小行星撞击形成的环形山很容易被看见。这是月球自形成40多亿年以来屡次被撞击的显著证据。

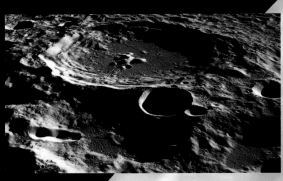

大和小
月球上的许多环形山看起来比针头还要小，但最大的环形山直径超过300千米。

近地物体

美国国家航空航天局持续不断地监控近地物体（NEOs）。近地物体是指太阳系内那些轨道能接近地球轨道的天体。大部分近地物体都没有危险性，但有些可能比月亮离地球还要近。如果一个近地物体由于地球引力而脱离了轨道，它就有可能撞击地球，带来灾难性的后果。

局地破坏	区域性破坏	灭绝性破坏
近地物体的大小：直径约25米，几乎相当于一座房子的大小	近地物体的大小：直径约50米，几乎相当于一座15层的办公楼的高度	近地物体的大小：直径约1.5千米，几乎相当于15个足球场那么长
速度：约50,000千米/时	速度：约50,000千米/时	速度：约50,000千米/时
破坏性：约2.5千米宽的区域	破坏性：一座大城市	破坏性：地球上大部分生命会灭绝

对准地球

地球从形成至今，已经被无数来自太空的石头撞击过。陨石或者小的石头落在地球上一般不会造成任何破坏。但体积更大的小行星要危险得多，造成恐龙灭绝的那颗小行星至少有10千米宽，约1万亿吨重。

致命的撞击
当一颗1万亿吨的小行星以声速的50倍运行时，它拥有令人无法想象的破坏力。它可能撞击地球，形成一个180千米宽的撞击坑，之后产生的尘埃席卷全球，挡住太阳光。在接下来几个月的黑暗里，地球上约3/4的植物可能灭绝。

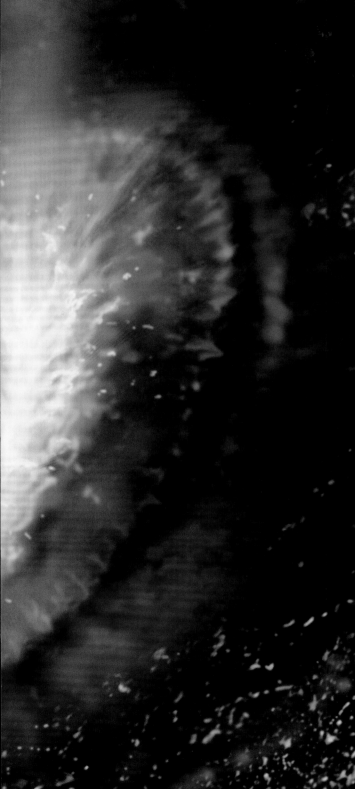

通古斯大爆炸

1908年，一个神秘的大火球摧毁了今俄罗斯西伯利亚通古斯地区周边广阔的森林。这次爆炸很可能是由于一颗流星或彗星在地面上空破碎引起的。

被夷为平地的森林
虽然通古斯爆炸没有留下撞击坑，但爆炸发生约20年后，通古斯事件的痕迹仍然清晰可见。

目击者

姓名：不详

时间：1908年6月30日

地点：距今俄罗斯通古斯河约30千米处

事件详情：一名驯鹿牧人在接受科学考察队采访时，描述了他在通古斯事件中的所见所闻。

" 大地在晃动，我听到了持续时间长到令人难以置信的巨大声响。周围的一切都被燃烧断裂的树产生的烟雾覆盖了。后来，噪音消失了，风也变弱了，但是森林在继续着火。"

更多信息

图示含义详见112页

近地物体
小行星带 谷神星
流星雨
流星

《流星追逐记》
[法]儒勒·凡尔纳/著

你可以在有流星雨的时候，观察流星降落到地球。你不需要望远镜，只要找到一个远离灯光的地方就可以。

下面是一些流星雨出现的高峰时间：

· 英仙座流星雨：8月13日
· 狮子座流星雨：11月17日
· 双子座流星雨：12月14日

流星轨迹：流星穿过大气层时的可见轨迹。

陨石：流星在穿过大气层时未燃尽且之后落到地球上的部分。

流星：分布在星际空间的细小碎片或岩石。

太阳风暴 [猛烈的太阳]

旋转的太阳表面
地球上的望远镜必须装上特别的滤镜才能观察太阳风暴。这张图展示了一个日珥，它大到能够容纳约1,000个地球。

小行星并不是来自太空的唯一威胁。太阳——离我们最近的恒星——充满了能量，有时会爆发出巨大的太阳风暴。一次超大的太阳风暴可以使地球上的电力系统完全瘫痪，令人们无法正常生活。

太阳极大期

太阳本身具有强大的磁场，太阳磁场的活动存在周期性，每9~14年达到一个最大值。2000年和2013年，太阳就达到了极大期。在太阳极大期，相当于行星大小的太阳黑子在太阳表面穿梭，同时环形的日珥向太空中拱起，能量物质以太阳耀斑的形式喷发。

未来有可能会发生

在火力线中

当能量和物质由太阳向外流出时，它们在太空中造成了巨大的扰动，影响到周围的所有行星。地球是太阳系中的一颗内行星，所以地球会受到严重的干扰。在太阳系的远端，太阳风暴的影响逐渐减小。当太阳处于平静期时，耀斑出现的频率低于每星期1次，但是在太阳风暴的高峰期，耀斑每天都会出现。巨大的太阳耀斑的长度可以比地球和月球间的距离还长。

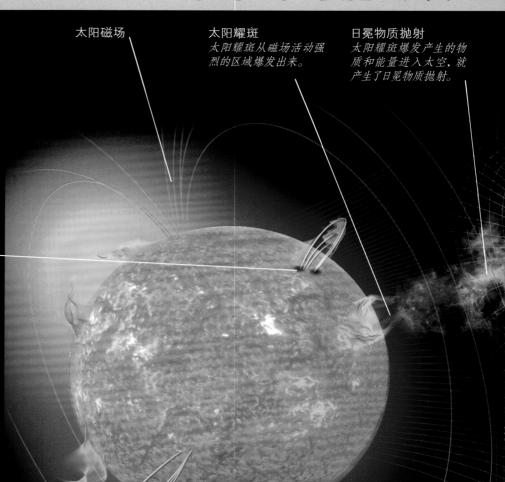

太阳磁场

太阳耀斑
太阳耀斑从磁场活动强烈的区域爆发出来。

日冕物质抛射
太阳耀斑爆发产生的物质和能量进入太空，就产生了日冕物质抛射。

太阳黑子
一对太阳黑子常常由弯曲的日珥相连接。

太阳耀斑是怎么运行的
太阳耀斑爆发穿过日冕（太阳大气层的最外层）时，常常会喷射出大量带电粒子，这被称为日冕物质抛射。日冕物质抛射会产生大量太阳高能粒子，对地球的磁场产生干扰。

1859年的太阳风暴

1859年8月，有历史记录以来最大的太阳风暴发生了。它伴随有巨大的太阳黑子和太阳耀斑。在几小时内，地球磁场被太阳风暴干扰，世界各地的人们首次感受到了太阳风暴的影响。电报系统无法运行，颜色鲜艳的极光照亮了天空，甚至在美国夏威夷和意大利罗马等地区都能看到。

停止运行
太阳风暴导致电报机发出火花，全球的电报系统无法运行。

极光

极光是天空中一种特殊的光，通常出现在地球磁极附近的高纬度地区。极光一般是由来自太阳的带电粒子和地球大气层高处的原子碰撞形成的。极光在有太阳风暴时是最亮的，因为此时太阳表面的活动增强了。

北方之光
北极光有时又被叫作"北方之光"。它通常是浅蓝绿色的，仿佛挂在天空中的窗帘。

电线起火
电流脉冲使电报线起火。

摧毁全世界电力的太阳风暴。

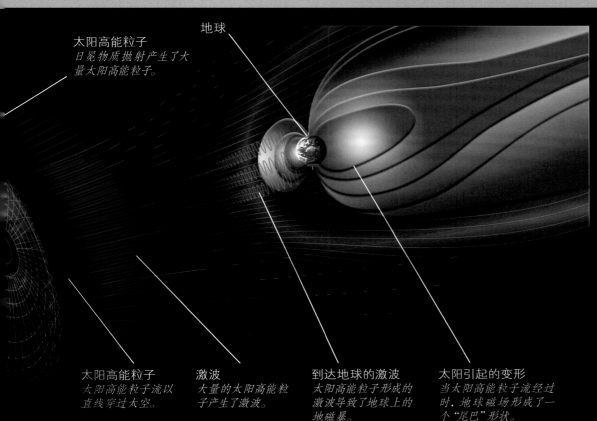

太阳高能粒子
日冕物质抛射产生了大量太阳高能粒子。

地球

对地球的影响

如果1859年的太阳风暴再次降临，就可能对地球产生严重的影响，因为我们现在严重依赖电力。电网和任何电子产品都可能被破坏，包括全球定位系统（GPS）和重要的医疗设备。

没有互联网的世界
太阳风暴可能使地球的电力系统瘫痪，从而影响互联网。

太阳高能粒子
太阳高能粒子流以直线穿过太空。

激波
大量的太阳高能粒子产生了激波。

到达地球的激波
太阳高能粒子形成的激波导致了地球上的地磁暴。

太阳引起的变形
当太阳高能粒子流经过时，地球磁场形成了一个"尾巴"形状。

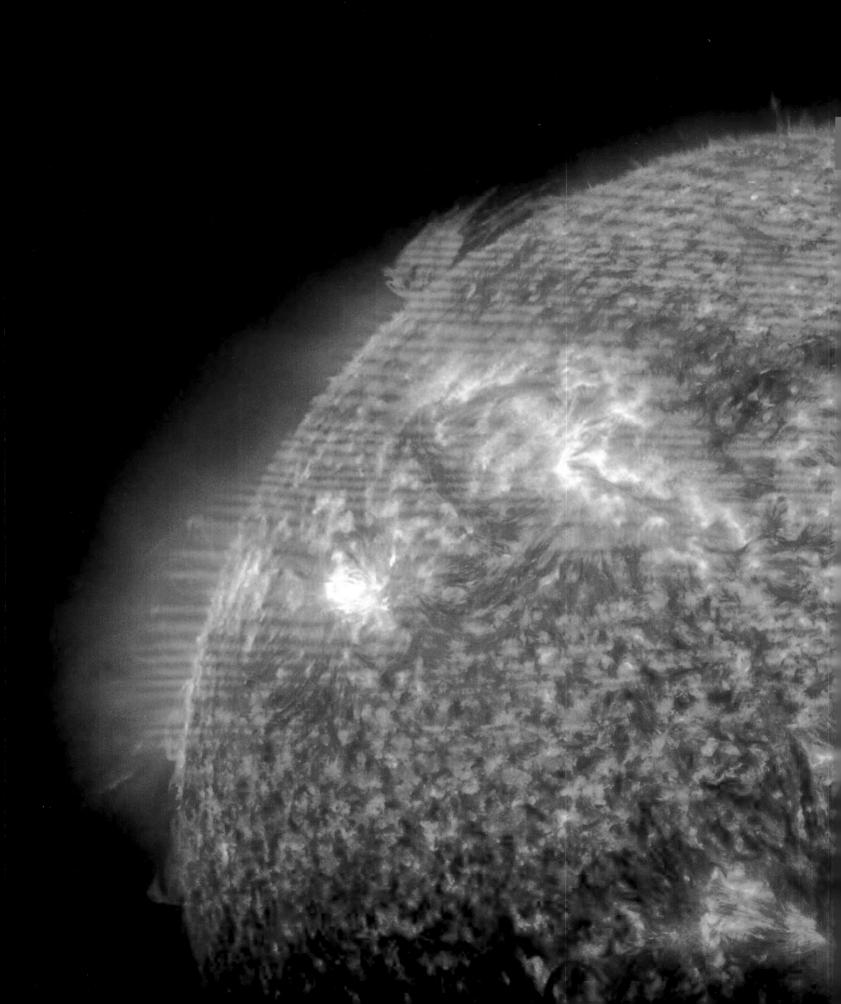

之后，太阳的能量会逐渐耗尽，慢慢开始膨胀，最终吞噬我们的星球，彻底摧毁所有的生命。

最终的灾难

地球上几乎所有的生物都依赖来自太阳的光和热而生存。然而，像所有恒星一样，太阳也是有寿命的。在大约50亿年之后，太阳的能量会逐渐耗尽，慢慢开始膨胀，最终吞噬我们的星球，彻底摧毁所有的生命。

DART警报系统
一种使用海面浮标和海床上地震仪的自动海啸报警系统。地震仪监测海床上的地震，然后浮标将信号传送给人造卫星。

板块
组成地球地壳或外层的巨大岩石块。板块在缓慢地移动，每年大约可移动2厘米~3厘米。

饱和
完全被水浸透，不能再吸收更多的水了。

层状火山
这种火山由许多层的熔岩和火山灰堆积而成。

超级单体
旋转的可以形成龙卷风的雷暴。

潮湿
含有比正常状态下更多的水分。

赤道低气压带
在赤道及其周围的区域，接近地面的空气受热膨胀上升，气压降低，形成了赤道低气压带。

大洋中脊
洋底中间隆起的山脉。在这里，火山活动正在缓慢地形成新的海床。

低体温症
一种十分危险的体温下降症状，可能导致人方向错乱甚至死亡。

地方性的
在某个特定的地方或地区出现。

地核
地球的核心部分，主要由铁、镍等元素组成，形成了地球的磁场。

地幔
在地壳和地核中间的部分。

地壳
地球最外层的岩石状外壳，可以是海底或陆地。

地震学家
研究地震的原因和效应的地球科学家。

地震仪
一种监测地震的发生、记录地震相关参数的仪器。科学家们通过使用遍布世界各地的地震仪，可以找到地震的震中。

地质学家
从事研究组成地球的物质和地球构造，探讨地球的形成和发展，且成绩卓越的科学工作者。

断层
地壳岩层因受力达到一定强度而发生断裂，并沿断裂面有明显相对移动的构造。断层的规模差异很大，有些很小，但有些可长达几千千米。

盾形火山
一种有广阔平缓山坡的圆顶形火山。盾形火山由火山爆发时流出的稀薄、软黏的熔岩形成。

二氧化碳
一种空气中的无色气体，植物生长通常需要吸收二氧化碳。二氧化碳在温室效应中起了很重要的作用。

风暴潮
飓风或台风登陆时导致的海平面上升。

风眼
热带气旋中心天气十分稳定的地带。

浮石
一种由熔岩形成的很轻的海绵状火山石。有些浮石轻到可以浮在水面上。

洪水
河流因大雨或融雪而引起的暴涨的水流。

化石燃料
一种由远古生物的化石沉积而来的燃料，包括煤、石油和天然气等。化石燃料含有大量的碳，在燃烧时会释放二氧化碳。

汇聚型板块边界
地球板块边界的一种，相邻的板块相互碰撞挤压。

彗星
绕太阳运行的一种天体。与小行星不同，彗星通常有由灰尘和气体形成的长长的尾巴。

火山颈
当火山的其他部分被侵蚀后，在火山的主岩浆管道中留下的坚硬岩浆的核心部分。

火山口
火山上的一个出口，岩浆从这里喷出。

火山泥流
通常指火山爆发引起的泥浆和碎石流。

火山学家
研究火山形成和爆发的地球科学家。

季风
随着季节的变化而改变风向的风。

季风气候
受季风影响较显著的地区的气候，具有对比鲜明的湿季和干季。湿季常伴随有季风带来的强降水。

寄生
一种生物生活在另一种生物的体内或体表，从中取得养分，维持生活。一些小动物和肉眼看不见的微生物都可以以寄生方式生活。

砍伐树木
毁坏森林以得到木材或者清理土地用于耕种。

可再生能源
来自自然资源，可以持续更新的能源，包括太阳能、风能、水能和地热能等。

块状熔岩
黏稠厚重的熔岩，凝固后易形成粗糙的表面。

2001—2010年，65%死于自然灾害的人生活在环太平洋地区。

词汇表

一道闪电的温度可以高达
30,000℃，是太阳表面温度的5倍。

冷凝漏斗
龙卷风的漏斗通常由凝结的水珠形成。

离散型板块边界
地球板块边界的一种，相邻的板块相互分开。

流星
分布在星际空间的细小碎片或岩石。

流星轨迹
流星穿过大气层时的可见轨迹。

龙卷风走廊
美国得克萨斯州西部和明尼苏达州之间的一条狭长地带，这里经历了比世界上其他地方都多的龙卷风。

灭绝
动物或植物的一个物种，在这个物种的最后一个个体死亡后，永远地消失了。

泥石流
山坡上大量泥沙、石块等经山洪冲击而形成的突发性急流。泥石流通常在长期大量的降雨之后发生在陡坡上。

逆断层
当相邻板块汇聚时地球表面发生的断裂。当板块碰撞时，一个板块插入另一个板块下方。

气象学家
研究天气和气象的科学家。

全球变暖
地球大气和海洋温度上升的现象，主要指人为因素造成的温度上升。全球变暖的趋势仍在延续。

热带
位于北回归线（约北纬23.5度）和南回归线（约南纬23.5度）之间的地区。热带气候表现为一年中至少有一部分时间高温多雨。

热带低气压
一种多雨多云的低气压天气系统。热带低气压的最高风速约为63千米/时。

热带风暴
一种在热带地区产生的风暴。热带风暴的最高风速约为119千米/时。

热带气旋
一种通常在海面上形成的强大的热带风暴。热带气旋包括了飓风（从5月到11月在大西洋上形成）和台风（从6月到11月在西北太平洋形成）。

日珥
太阳表面上红色火焰状的炽热气体带。

日冕
太阳大气的最外层，由带电粒子组成，温度可高达约1,000,000℃。

熔岩
从火山口或裂缝中喷溢出来的高温岩浆，也指这种岩浆冷却后凝固成的岩石。

熔岩区
火山爆发后留下的一片凝固的熔岩。有一些熔岩区有几百平方千米那么大。

萨赫勒地带
非洲的一个区域，位于撒哈拉沙漠的南部，从非洲的西海岸一直延伸到红海，这里的雨水非常稀缺。

珊瑚白化
海水变暖对珊瑚的一种影响。海洋中的珊瑚是五颜六色的，这些色彩来自珊瑚体内共生藻的色素，当共生藻因为环境不佳而死亡时，珊瑚的颜色将消失而变白，这就是珊瑚白化。

生物燃料
由植物制成的燃料。可以当作生物燃料的作物有玉米、甘蔗和向日葵等，以及其他许多产油丰富的植物。

绳状熔岩
流动性比较强的熔岩，冷却后会形成光滑的表面。

酸化
一种使物质变酸的化学反应。海水溶解了空气中的二氧化碳后，就会酸化。

太阳黑子
太阳表面的气体旋涡，温度比周围区域低，与太阳表面其他明亮的地方相比，颜色较深。太阳黑子是由太阳磁场引起的太阳表面活动剧烈的区域。

太阳极大期
太阳磁暴的峰值期，每9~14年一次。

太阳耀斑
由于太阳磁场变化引起的太阳大气层里氢气的突然爆发。

碳足迹
某个人或集体使用某种物品（比如光、电脑或汽车）或者做某件事情（比如生产产品）时释放出的含碳气体的数量。

调谐质量阻尼器
摩天大楼或其他高楼中安装的沉重装置，可以在地震中保护建筑物。

土壤蠕变
土壤沿着山坡缓慢地向山下移动。

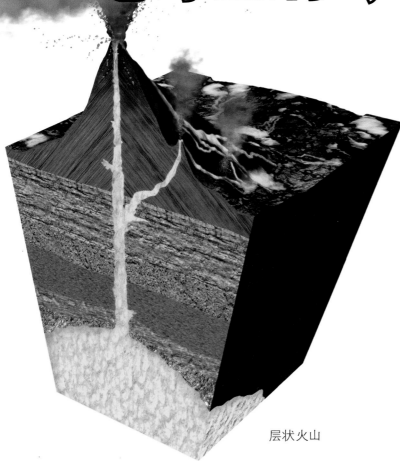

层状火山

物质等。

小行星
运行轨道环绕太阳的一大块岩石或微型行星。

雪檐
山脊顶部向外突出的雪。雪檐会顺着风吹动的方向形成尖利的边缘。

淹没
被水完全覆盖。

岩浆
地壳下面含有硅酸盐和挥发成分的高温熔融物质。岩浆通过火山口喷出地表后，被称为熔岩。

岩浆管道
火山中一条垂直的通道。岩浆沿这条通道向上从火山口涌出。

余震
大地震之后紧跟着发生的小地震。余震很危险，因为它们会使已经被破坏的建筑物彻底倒塌。

陨石
流星在穿过大气层时未燃尽且之后落到地球上的部分。

造林
补植已被砍伐的森林。造林有助于抵消全球变暖，因为树木可以吸收空气中的二氧化碳。

震颤
地震时大地摇晃或颤动的运动。

震源
地球内部发生地震的地方。

震中
在地震震源垂直上方的地球表面上的点。

蒸发
从液态到气态的变化。

正断层
当相邻板块缓慢地分开时，地球表面发生的断裂。

政府间气候变化专门委员会 (IPCC)
一些来自世界许多国家和地区的研究气候变化及其未来影响的科学家。IPCC于1988年创建，把来自100多个国家和地区的研究者汇集在一起。

转换型板块边界
地球板块边界的一种，相邻的板块相互错动。

锥形火山
一座有着宽阔而陡峭的火山口的火山，大部分由一层一层的火山砾堆积而成。

走滑断层
走滑断层多出现在转换型板块边界，指两个板块在同一平面发生相对移动。

土壤蠕变常发生在潮湿的环境中，或是在土壤反复冰冻融化时。

温室气体
大气中能引起温室效应的气体，如水蒸气、二氧化碳等。

温室效应
大气保温效应，即大气中的二氧化碳、甲烷等气体含量增加，使地表和大气下层温度增高。温室效应通过吸收本该释放到太空中的能量使地球的温度增高。

瘟疫
一种在同一时刻影响了很多人的疾病大爆发。

污染物
任何污染了自然环境并威胁到生物生存的物质。污染物包括排放到空气中的、进入水体和土壤中的化学

出版者感谢下列机构和个人允许使用他们的图片。

1: Associated Press; 2–3: AFP/Getty Images; 4–5 (background): NASA; 6: Associated Press; 7l: NASA/Photo Researchers, Inc.; 7cl: iStockphoto; 7cr: Mainichi Newspaper/AFLO/Nippon News/Corbis; 7r: David A. Hardy/AstroArt; 8–9: iStockphoto; 10–11: Mitchell Krog/mitchellkrog.com; 12l: Mike Hollingshead/Photo Researchers, Inc.; 12c: Mitchell Krog/Living Canvas Photography; 12r: Jim Reed/Photo Researchers, Inc.; 14t: public domain; 14c, 14b: Associated Press; 14–15 (maps): Ermek/Shutterstock; 15tl, 15tr, 15c, 15bl, 15br: Associated Press; 16–17 (background): Maksim Shmeljov/Shutterstock; 16–17 (globe): NASA; 16tr: Zhabska Tetyana/Shutterstock; 17bl, 17bcl, 17bcr, 17br: Associated Press; 18, 19tc: Jim Reed/Photo Researchers, Inc.; 19tr: Joshua Wurman, Center for Severe Weather Research; 19cl: NASA; 19cm: Jim Reed/Photo Researchers, Inc.; 19cr: Tad Denson/Shutterstock; 19b: Nick Cobbing/Alamy; 20–21 (background), 20–21c: Mike Hollingshead/Photo Researchers, Inc.; 20–21b: Ryan McGinnis; 21tc, 21tr: Jim Reed/Photo Researchers, Inc.; 22–23, 23br: Ryan McGinnis; 24 (person, cow, train, dog, bus, mattress, fish, car): iStockphoto; 26tl: Jim Reed/Photo Researchers, Inc.; 26–27b: NASA/Photo Researchers, Inc.; 28tc: NOAA; 28tr: Jim Reed/Photo Researchers, Inc.; 28bl: NOAA; 28br: iStockphoto; 29tl: Associated Press; 29tc: Caitlin Mirra/Shutterstock; 29tr: Jason Reed/Reuters/Corbis; 29bl: Digital Globe, Eurimage/Photo Researchers, Inc.; 29br: Katrina's Kids Project; 30–31: Associated Press; 32t: NASA; 32ct, 32cb: iStockphoto; 32bl: Abestrobi; 32br: Associated Press; 32–33: Mitchell Krog; 34–35: Associated Press; 34br: NOAA; 35br: Harper/Shutterstock; 36blt: public domain; 36blb: iStockphoto; 36bc: Nolispanmo; 36br: iStockphoto; 37: Alaska Stock/Alamy; 38–39: Mike Hollingshead/Photo Researchers, Inc.; 40l: Bruce Omori/epa/Corbis; 40c: Associated Press; 40r: Romeo Ranoco/X00226/Reuters/Corbis; 42–43: Inayat Ali (Shimshal); 42 (landslide illustrations): Gary Hincks/Photo Researchers, Inc.; 43tr, 43cr, 43br: Associated Press; 45tl, 45tcl: iStockphoto; 45tcr: Associated Press; 45tr: iStockphoto; 45b: Claus Lunau/Photo Researchers, Inc.; 46tr: kluft/Wikipedia; 46l: Associated Press; 46rct: David Parker/Photo Researchers, Inc.; 46rcb: US Geological Survey; 46br: David Parker/Photo Researchers, Inc.; 47t, 47bl: Jeremy Bishop/Photo Researchers, Inc.; 47br: Stephen & Donna O'Meara/Photo Researchers, Inc.; 48r: Malcolm Teasdale; 49ct: US Navy photo by Photographer's Mate 2nd Class Philip A. McDaniel; 49cm: iStockphoto; 49cb: FabioConcetta/Dreamstime; 49bl: iStockphoto; 50tl: public domain; 50tr: iStockphoto; 50bl: arindambanerjee/Shutterstock; 50br: US Navy; 51tl: Logan Abassi/The United Nations Development Programme; 51cl: US Navy photo by Mass Communication Specialist 3rd Class Erin Olberholtzen; 51tr: Associated Press; 51bl: US Air Force; 51br: George Allen Penton/Shutterstock; 52l: punksid/Shutterstock; 52tc: Yuyang/Dreamstime; 52tr: Alfred Wegener Institute for Polar and Marine Research, Bremerhaven, Germany; 52bc: Alvinku/Shutterstock; 52–53: Romeo Ranoco/X00226/Reuters/Corbis; 54–55: Bruce Omori/epa/Corbis; 57 (ashes, lapilli, bomb): Gary Hincks/Photo Researchers, Inc.; 57 (ash particle): US Geological Survey; 57cr: Patrick Landmann/Photo Researchers, Inc.; 58–59: AFP/Getty Images; 58cl: Stephen & Donna O'Meara/Photo Researchers, Inc.; 58cm, 58bl, 58bc: public domain; 59c: OAR/National Undersea Research Program (NURP); 62–63: Gobierno de Álvaro Colom, Guatemala 2008–2012; 64l: Associated Press; 64c: public domain; 64r: Stringer Pakistan/Reuters; 66t, 66c: Associated Press; 66b: NASA; 66–67 (map): Jezper/Shutterstock; 67tl: PRILL Mediendesign und Fotografie/Shutterstock; 67tr, 67c, 67br: Associated Press; 68–69: Stringer Pakistan/Reuters; 70–71t: Associated Press; 70br: Gary Hincks/Photo Researchers, Inc.; 71bl: Associated Press; 71bc: Skynavin/Shutterstock; 71br: Imaginechina via AP Images; 72tc: public domain; 73tc: Georgette Douwma/Photo Researchers, Inc.; 73cr: NOAA/NGDC; 74tc: Fotograferad av Henryk Kotowski/Wikipedia; 74br: AFP/Getty Images; 75tr: US Navy photo by Photographer's Mate Airman Patrick M. Bonafede; 75cr: David Rydevik; 75bl, 75br: AFP/Getty Images; 76–77: Mainichi Newspaper/AFLO/Nippon News/Corbis; 78l: Tatiana Grozetskaya/Shutterstock; 78c: Lee Prince/Shutterstock; 78r: Eye of Science/Photo Researchers, Inc.; 80t: iStockphoto; 80c: Bettmann/Corbis; 80b: Janne Hämäläinen/Shutterstock; 80–81 (map): Jezper/Shutterstock; 81tl: gopixgo/Shutterstock; 81tr, 81c, 81bl: Associated Press; 81br: Sigit Pamungkas/Reuters; 82 (flame): Koteus/Shutterstock; 82 (leaf): shantiShanti/Shutterstock; 82 (fuel supply): Olexa/Shutterstock; 82 (weather): easyshoot/Shutterstock; 82 (type of land): iStockphoto; 82tr: Fletcher & Baylis/Photo Researchers, Inc.; 82–83: Associated Press; 83tl: Alexis Rosenfeld/Photo Researchers, Inc.; 83tr: Army Air Corps Photo 40400AC, copy provided by Dr. Robin Rose; 83bl: Photo Researchers, Inc.; 84–85: Stephen Morrison/epa/Corbis; 86 (background): Tatiana Grozetskaya/Shutterstock; 86 (factories icon): Dimec/Shutterstock; 86 (cattle icon): Amold11/Shutterstock; 86 (car exhaust icon): Arcady/Shutterstock; 86 (aerosols icon): Pelonmaker/Shutterstock; 87tr: Vitoriano Jr/Shutterstock; 87cr: Jezper/Shutterstock; 87 (laptop): iStockphoto; 88–89: Associated Press; 88bcl: Lee Prince/Shutterstock; 88bcr: Beth Swanson/Shutterstock; 88br: Doug Lemke/Shutterstock; 90tl: koya979/Shutterstock; 90cl: Tatonka/Shutterstock; 90cm: iStockphoto; 90br: EVB Energy Ltd/Wikipedia; 90bl (background): Ecocar Symbol/Shutterstock; 91cl: iStockphoto; 91cr: Drimi/Shutterstock; 91bl: pa3x/Shutterstock; 91bc: ivelly/Shutterstock; 91br: pa3x/Shutterstock; 92–93: NASA; 94tl: Fæ/Wikipedia; 94tc: Algoi/Shutterstock; 94tr: public domain; 94bc: Kirill Zdorov/Dreamstime; 94br, 95tl, 95tc, 95tr: public domain; 95br: Dr. Cecil H. Fox/Photo Researchers, Inc.; 96–97: Eye of Science/Photo Researchers, Inc.; 97rc: WHO 2012; 97br: Andy Crump, TDR, World Health Organization/Photo Researchers, Inc.; 98l: NASA; 98c: US Air Force photo by Senior Airman Joshua Strang; 98r, 100–101: David A. Hardy/AstroArt; 100lc: NASA; 101tr: Science Source/Photo Researchers, Inc.; 102tl, 102–103b: NASA; 103tl: Ensuper/Shutterstock; 103tr: US Air Force photo by Senior Airman Joshua Strang; 103br: iStockphoto; 104–105: NASA.

ARTWORK

20tr, 21tl, 24–25cb, 26–27t, 33bl, 33bc, 33br, 36cl, 36cm, 36cr, 44tr, 44b, 48lt, 48lc, 48lb, 56–57, 56l, 57cm, 57bc, 67bl,72–73b, 91tr, 108: Tim Loughhead/Precision Illustration; all other artwork: Scholastic.

COVER

Front cover: UPI Photo/Landov. Back cover: (tr) Tim Loughhead/Precision Illustration; (computer monitor) Manaemedia/Dreamstime.

"更多信息" 一栏里图示的含义

| 网络搜索关键词 | 延伸阅读 | 观看视频 | 用望远镜看一看 | 参观有趣的地方 | 可做的事情 | 迷你词汇表 |

致谢